巨变

中国科技70年的
历史跨越

陈 芳 董瑞丰 著

人民出版社

出　　品：图典分社

策划编辑：刘志宏

责任编辑：侯　春　刘志宏

封面设计：汪　阳

版式设计：王　婷

责任校对：夏玉婵

图书在版编目（CIP）数据

巨变：中国科技 70 年的历史跨越／陈芳，董瑞丰 著 . —北京：人民出版社，

　　2020.1（2021.12 重印）

ISBN 978 - 7 - 01 - 021659 - 1

I. ①巨…　II. ①陈…②董…　III. ①科技发展 - 成就 - 中国 -1949-2019

　　IV. ① G322

中国版本图书馆 CIP 数据核字（2019）第 277157 号

巨变：中国科技 70 年的历史跨越

JUBIAN ZHONGGUO KEJI 70 NIAN DE LISHI KUAYUE

陈　芳　董瑞丰　著

人民出版社 出版发行

（100706　北京市东城区隆福寺街 99 号）

天津文林印务有限公司印刷　新华书店经销

2020 年 1 月第 1 版　2021 年 12 月北京第 3 次印刷

开本：710 毫米 ×1000 毫米 1/16　印张：17

字数：274 千字

ISBN 978 - 7 - 01 - 021659 - 1　定价：52.00 元

邮购地址 100706　北京市东城区隆福寺街 99 号

人民东方图书销售中心　电话（010）65250042　65289539

序　言
一部感天动地的创新史诗

随着全球新一轮科技革命和产业变革加速前进，科技创新从未像今天这样深刻影响着国家前途命运，人类经济社会发展对科技创新的需求也从未像今天这样迫切。

从一穷二白到 GDP 位居世界第二，从"洋油、洋布、洋钉"到"中国制造"遍布全球，70 年间，一个险被"开除球籍"的东方大国重又昂首屹立在世界民族之林。70 年来，科技创新在国家发展全局中的地位和作用显著提升，成为共和国波澜壮阔发展进程中一道亮丽的风景线。科技创新成为新中国站起来、富起来、强起来的重要支撑。

20 世纪五六十年代，我们在极其艰苦的条件下创造出"两弹一星"的奇迹，取得了青蒿素、人工合成牛胰岛素等重大成就。改革开放以来，国家启动实施"863""973"计划，跟踪研究世界先进技术发展趋势，面向国家重大需求培养和锻炼了一批优秀人才，带动了中国基础科学的发展。进入 21 世纪，我国科技事业密集发力，一系列重大创新成果不断涌现，实现了整体性、格局性的重大变化。

新中国 70 年科技创新，有顺应历史潮流、与世界同频共振的一面，更重要的是走出了一条"中国式"创新之路，积累了"后发赶超"的宝贵经验。

"李约瑟之问"曾经提出，近代中国为何无缘科学与工业革命？今天，中国大地上到处涌动着科技创新的勃勃生机。"创新中国"的密码，就埋藏在 70 年无数个科技攻关的真实故事中，埋藏在亿万中国人民的创造伟力中。

本书作者为新华社资深记者，见证了一系列中国科技创新的标志性事件。通过选取 70 年中最值得记忆的人与事，在历史的浪花中呈现波澜壮阔、激荡涌动的科技创新巨变，致敬一路走来克服艰辛的"追梦人"，为解读科技创新的中国密码提供重要参考。

可以说，无论是在中华民族历史上，还是在世界历史上，这 70 年都是一部感天动地的创新史诗、奋斗史诗，用深邃的历史视角，将中国科技创新之路的艰辛与坚持、遗憾与荣耀，丰富地呈现出来，向国人、向世界提供一个解读中国科技创新之谜的科学答案，这样的独家视角是稀缺的。一个个或熟悉或陌生的人物进入我们的视野，他们身上闪光的精神在中华民族精神谱系中熠熠生辉，标示出爱国奋斗精神的历史厚度与时代高度。

一个正在崛起的大国，一个致力于复兴伟业的民族，需要科技创新的时代英雄，需要英雄精神的鼓舞。

今年是新中国成立 70 周年，也是决胜全面建成小康社会第一个百年奋斗目标的关键之年。站在时间卷轴上，在中国与世界的对比中，我们需要深入探寻 70 年中国科技跨越道路的历史必然、创新精神的独特魅力、中国力量的不竭源泉。我们既为创新成就与进步速度欢欣鼓舞，与此同时，也要看到我国的科学基础比较薄弱，科学传统不够深厚，顶尖科技人才和团队比较缺乏，科技管理体制还有待改进，还有不少领域尚在"跟跑"阶段，一些关键技术仍然受制于他人。

回顾历史，是为了更好地汲取力量，阔步迈向新的远方。从这个意义上，读者不难从这本书里找寻到过去 70 年中国创新"为什么能"的答案，也将为未来中国创新的新征程坚定信心，找准方向。

是为序。

前 言

对创新中国的最大致敬

2019 年 10 月 1 日，天安门广场上盛大的阅兵仪式、壮观的群众游行，定格于新中国 70 年的历史长卷中。

"复兴号""北斗""长征三号"……国之大典上，"创新驱动"方阵中的大国重器吸引亿万人的目光。掌声如雷，欢呼如潮。

岁月的流逝中，历史未曾中断，记忆未曾中断。

1949 年，当新生的人民共和国准备起步时，发现自己除了沉重的历史外，里面装的尽是寒酸的家底。

新中国开国大典上，参与阅兵的飞行编队一共只有 17 架飞机，没有"中国造"。为了飞出气势，这支"万国牌"飞行队，不得已绕回来再飞一圈。

新中国的科学技术，在一片"废墟"上起步。

一路蹒跚、一路笃行。古老中国不断焕发科技创新活力，为中华民族伟大复兴插上腾飞翅膀。

如今，一分钟里，东方大国会发生什么？

移动支付金额 3.8 亿元、快递小哥收发快递超 7 万件、"神威·太湖之光"超级计算机运算 750 亿亿次……各行各业迸发出的活力与跃迁，令世界惊叹。

随着基础研究、战略性高技术等领域实现多点突破，一批重大科技成果喷涌而出，中国已成为全球创新版图中日益重要的一极。

歌德说，奇迹是信仰最宠爱的孩子。

70 年，一个民族，迎来了从站起来、富起来到强起来的伟大飞跃；70 年，一个国家，经历了从封闭到开放、从传统走向现代的深刻演变。如果说这是一部创新中国的厚重史诗，那么科技创新发展就是其中最荡气回肠的篇章。

历史的长河，静观时往往风平浪静。蓦然回首，才能体会波澜壮阔。

从一穷二白起步，以筚路蓝缕开拓，中国科技创新发展"做对了什么"？波澜壮阔的背后，潜藏着怎样的密码？

以创新为"第一动力"——

从"向科学进军"到"科学技术是第一生产力"，从实施科教兴国战略到建设创新型国家，从实施创新驱动发展战略到开启建设世界科技强国的新征程，中国特色自主创新道路在实践中越走越宽广。

人才集聚成关键支撑——

从新中国科技人员不到 5 万人，到全球最大的科技创新人才队伍。今日中国的创新动能，动辄以"亿"计量：近 9 亿劳动力、1.7 亿多人受过高等教育或具有专业技能，越来越多的"千里马"竞相奔腾。

改革开放是强大引擎——

70 年，特别是改革开放以来，我国科技实力伴随经济发展同步壮大，为经济发展由要素驱动向创新驱动转变提供强大支撑。研究与试验发展经费总量稳居世界第二，持续、高强度的研发投入能力，是未来我国科技跨越式发展的重要基础。

广阔市场成创新温床——

全国高速铁路里程已经占全球总里程 60% 以上；可再生能源的装机量、发电量居世界第一；5G 新型网络架构等技术纳入国际标准……科技不仅让生活更美好，更主动引领经济社会发展实现新跨越。

科技创新，这颗神奇的"种子"，仍在以惊人的速度不断生长。

今日之中国，跻身全球创新指数 20 强，超过 1 亿个市场主体，处处都是活跃的创造；

今日之中国，从百废待兴到经济总量突破 90 万亿元大关，成为世界第一大工业国、第一大货物贸易国，科技创新助推中国成为世界经济增长的最大引擎；

今日之中国，从吃不饱到"吃得好""吃得健康"，中国人彻底甩掉"东亚病夫"的帽子，创新让居民预期寿命实现从只有 35 岁到 77 岁的延长……

在矢志创新中自立自强，凝聚起一往无前的创新伟力，中国焕发出"赶上世界"的生机活力。

梦想拾级而上。这向上的每一步，汇聚了无数中国人生生不息的奋斗与创新。

当今世界正面临百年未有之大变局。新一轮科技革命和产业变革不断推进，科技同经济、社会、文化、生态深入协同发展。科技创新，已成为重塑世界格局、创造人类未来的关键变量。

变革时代的技术日新月异，我们所面对的风险与挑战也与日俱增。我们比历史上任何时期都更需要用创新伟力来爬更陡的坡，迎更急的浪。

天下之事，非新无以为进。"中国的昨天已经写在人类的史册上，中国的今天正在亿万人民手中创造，中国的明天必将更加美好。"习近平总书记在天安门城楼上的庄严宣示，给人以方向，给人以力量。

面对日趋激烈的国际竞争，科技领域如果仅凭"一招鲜"或者"几招鲜"，很难有长足进步。我们必须坚定不移地走中国特色自主创新之路。

创新精神的力量，并非只存在于高光时刻，更在紧要关头突破命运的阴霾。

站在历史的新起点上，千千万万奋斗者砥砺前行。

站在历史的新起点上，我们对创新中国的最大致敬，就是创造新的更大奇迹。

目　　录

第一章
人口大国"吃饱了"

一粒粮，关乎家与国。

"洪范八政，食为政首。"我国是个人口众多的大国，解决好吃饭问题始终是头等大事。

20 世纪 60 年代，罕见的天灾席卷了中国。粮食，简简单单的两个字，铸成了中华大地上最沉痛的呼喊。对于饿极连草根、树皮都可以拿来充饥的灾民来说，一碗米，是难以企及的奢望。

关键时刻，小小的粮食也会绊倒巨大的中国。

甚至直到 20 世纪 70 年代，9 亿多中国人，不到两成的城市人口靠各种票证获取粮食和副食；其余八成多农民中，相当一部分还在饿肚子。

谁来养活中国？

美国作家莱布斯·布朗以历史为模板描绘中国 2030 年时的农业景象——产不足供，10 多亿人的口粮需要全世界来供给。

这样的诘问，不仅激发起一些人心底根深蒂固对"黄祸"的恐慌情绪，也为所谓的"中国崩溃论"推波助澜。

世界忧心忡忡——中国如何"把饭碗牢牢端在自己手中"？

布朗显然对中国农业的了解不够深入，对中国的科技创新也缺乏信心。他没有预料到，这个东方大国会在粮食领域取得这么多革命性的进展。

"杂交水稻之父"袁隆平从稻田中走来了，"中国小麦远缘杂交之父"李振声从麦地里走来了……

从风华正茂的年轻人到耄耋老人，他们一"麦"相承，几十年来滴落在土地上的汗水，浇灌出杂交水稻、优质小麦、抗虫棉等硕果，不仅解决了国人温饱，更让一颗颗"金种子"走出国门。

历史的趋势永远向前。创新者们总会甩开至暗时刻，迎来黎明曙光。

如今，外国人眼中的"东方魔稻"，已成为维护世界粮食安全的积极力量。"袁隆平"们成功解决了人类近四分之一人口的吃饭问题，粮食总产量不断实现连增，"中国种子"遍布全世界 30 多个国家和地区，给渴望温饱的人带去了希望。

与大地贴得更近，看天空才会更远。

正是有了他们半个多世纪的不懈求索，我们才有了今天的底气，可以响亮地喊出："中国将饭碗牢牢端在自己手中。"

第一节　东方神农

他，皮肤黝黑、个头不高、有点瘦削，被称为中国最“著名”的农民。

他，自 1981 年获得中国第一个特等发明奖后，便扬名立万，被誉为“杂交水稻之父”，获得 2004 年度世界粮食奖……他心里装着的，不仅是一粒粒粮食，更有中国众多良田的阡陌纵横。

他，对中国乃至世界粮食的贡献究竟有多大？早年中国有农民说，他们解决吃饭问题靠两“平”：一靠邓小平，二靠袁隆平。

2019 年，90 岁高龄的“杂交水稻之父”袁隆平，研究杂交水稻已经近 60 年。

自从以杂交水稻为代表的农业科技创新技术于 20 世纪 70 年代应用后，中国水稻平均亩产量在 20 年内增加 3 倍多。现在中国占全世界耕地的 7%，但已养活了世界超过 20% 的人口。

1.“用粮食救中国”

人们所见到的袁隆平，总是一副朴素样，住在田边，每天到田里检查秧苗。“我们搞水稻，要在水田里待着，还要在太阳下晒，工作是辛苦点，但是，我乐在苦中。”

虽然年事已高，但他仍爱享受科研的每分每秒。

幼时的袁隆平，学农的初心是向往田园之美、农艺之乐，带着些桃花源式的悠然旷达。1953 年 7 月，袁隆平从位于重庆的西南农学院毕业，随后下派到湘西雪峰山脚下的安江农校任教。

很多人对湘西普通的一个中专教师，转而痴迷研究杂交水稻百思不得其解：在长达 18 年的教书生涯中，缘何把天大的担子，在支持者寥寥、科研环境险恶的情况下，揽在了自己肩头。

1960 年，严重的粮食饥荒，让每个人的脸都变成了蜡黄色。年轻的袁隆平目睹许多人因体力不支倒在路旁、田埂边和桥底下，其中的一些再也没能爬起来。

凄惨的场景给了袁隆平极大的震动，比起对死亡的恐惧，更让他难过与窒息的，是对于饿殍遍野的无能为力。

饥饿让这些从事着农业科研和教学的知识分子们同样不能超脱，他们在一起闲聊时，所有的话题也围绕着吃。

从农学院毕业的袁隆平，掌握着大量农业生产知识，却无法应用到实际生活里扭转苍凉。身体的饥饿夹带着内心的煎熬，叫他辗转反侧。在残酷现实的映衬下，"带月荷锄归"的愿景再难轻盈。他从那时起默默立下志愿：一定、一定要为农民做些实事，让老百姓不再饿肚子，要用粮食救中国。

新中国成立初期搞"一边倒"，全盘照学苏联。袁隆平先按当时苏联的主流生物学理论搞了三年，结果却"竹篮打水一场空"。

三年的时间说长不长说短不短，科学研究的辛苦倒是其次，真正让他感到迷茫的，是每天早上醒来后对未来方向的不确定感。毕竟在此之前没有任何先例参考，也没人对他进行实际指导，往哪里走？怎么走？全都得靠自己一步步摸索，仿佛一个人走在空旷灰暗的隧道中，孤独又寂寥。

在 1958 年，选取一种被普遍认为"唯心"的理论去搞，少不了要受到周围人的质疑、嘲讽与讥笑。可一位真正的科学家，从来不会甘心服膺某种片面的、既定的观点。

当时的袁隆平，透露出一种知识分子的"狡黠"——他偷偷地用《人民日报》把书遮住，有人来就假装看报纸，没人的时候就打开书本认真研读起来。讲课时，他也会不动声色地悄悄给学生讲一些格雷戈尔·孟德尔、托马斯·亨特·摩尔根现代经典遗传学的知识，将学术的火种播撒下去。

袁隆平试图用孟德尔遗传学搞育种后，原本首先考虑的是研究小麦、红薯，后来综合地理、气候、经费等因素，几经权衡，才将研究重心确定为水稻。

一次，他在农村实习，一位生产队队长对他说："袁老师，你是搞研究的，要是能培育一个亩产千斤的水稻新品种，那该多好啊！"

一语惊醒梦中人，农民在增产上最最紧迫的需要是什么？袁隆平开始思考：良种一定是最为重要的东西。他顿感自己对准了焦距，就从种子入手！

2. 雄性不育株的惊喜

杂种优势是自然界中存在的普遍现象，可是在传统理论中，水稻这种中国人最主要的粮食作物，恰恰没有杂交优势，它是一种自花授粉作物。一株水稻只要一开花，雄花自然就会给同株上同时开放的雌蕊柱头授粉。

难道水稻真的不能杂交？袁隆平对这种理论产生怀疑，他开始去稻田中寻找突破。

每天吃过早饭，袁隆平就带上水壶和两个馒头匆匆走出家门，迎接他的是枯燥的机械工作和严酷的天气考验。恶劣的环境裹挟着焦灼的心情，使得他黝黑瘦削的脸颊上早已布满细密的汗珠。袁隆平总是草草抹一把脸又继续投入工作，不言苦累。

田野泥泞，稻株莽莽，袁隆平每天手持放大镜在几千几万的稻穗里寻找，把所有的细致谨慎交付给一生热爱的田野与理想。

1961年夏天，袁隆平在一丘早稻田块里发现了一株鹤立鸡群的稻子，穗子又大又饱满，籽粒多达200多粒。仔细推算，用它做种子，水稻亩产就会上千斤。袁隆平喜出望外，小心翼翼地把它收起来。

第二年播下去，结果却没有一株像"老水稻"那样好。有的高，有的矮，原本抱有很大希望的他像被浇了一盆凉水。然而，很快他又重燃灵感：这个是杂交水稻才有的分离现象。如同隧道中深一脚浅一脚跟跄行进的人猛一下看到了出口处斑驳夺目的光芒。他继而做出了一个十分大胆的推想：既然自然界存在杂交水稻，也应该会存在天然的雄性不育株。袁隆平用实践推翻了原本的经典理论。

着手搞亩产水稻良种繁育工作后，袁隆平遇到的一个难题是如何年年大量生产出第一代杂交种子，只有这样，才能使杂交水稻的优势稳步发挥到极致。解决这个问题最好的方法是培育一种特殊的水稻——"雄性不育系"。

但自 1926 年美国人琼斯首先发现水稻雄性不育现象，并首先提出水稻具有杂种优势后，虽然各国科研机构从未停止过对不育系的选育，但始终停留在理论研究阶段，难以取得突破性进展。

就这样，寻找天然的水稻雄性不育株的工作自 1964 年夏季正式启动——那是水稻开花最盛的时候，也是寻找不育雄蕊的最佳时机。

袁隆平是个崇尚自由的人，向来不拘小节，不愿遵循某种既定节奏。他在对生活细节的处理上十分粗线条：读大学时，早晨爱睡懒觉，往往都是打紧急集合铃才起，一边扎裤腰带，一边往操场跑。平时，铺盖也是随意地摊在床上，卫生检查只能临时抱佛脚。他自嘲"皮肤粗糙，感觉不出好坏来"。随意购置一身宽松舒适低价衣衫，一穿就是好多年。熟悉袁隆平的同学评价他"爱好自由，特长散漫"。正是这样一个生活上洒脱不羁的人，在田野调研时却呈现出一副迥然不同的模样。

六七月火伞高张，空气凝滞，阳光似裹了辣椒水般兜头浇下，燎得人的皮肤火烧一般地疼。没有胶筒靴，袁隆平只能挽起裤管，赤脚踩进冰冷的水田里，脚下刺骨的凉意实在难挨，飞溅出的泥浆一次次打在腿上，让他又麻又痒。一次，他胃病发作，学生赶忙将他搀扶到树荫下。可症状稍有缓解后，他便起身，一只手压着痛处，另一只手不停地继续翻拨着稻穗仔细察看。

转机出现在寻找天然雄性不育株的第十四天。

一垄垄、一行行、一穗穗，十多万个稻穗被袁隆平一一检视。突然，袁隆平的目光被一株特殊水稻所吸引：花开了，花药中没有花粉，但雌蕊是正常的……这不就是退化了的雄花吗？袁隆平欣喜若狂，小心翼翼地将花药采下，阔步赶至学校实验室做镜检，最终发现那果真是一株花粉败育的雄性不育株！攻克杂交水稻育种难题跨出了关键的第一步！①

① 袁隆平、辛业芸：《袁隆平口述自传》，湖南教育出版社 2010 年版，第 58 页。

次年，依据观察所得，袁隆平有了些经验，专注对开花后花药不开裂、振动亦不散粉的稻穗进行检视与研究。他先后检查了几十万个稻穗，共找到六株雄性不育植株，并依据花粉败育情况将其分为三种类型。

1966 年，经过一系列的实验，袁隆平将初步研究成果整理撰写成论文《水稻的雄性不孕性》。这篇论文，拉开了中国杂交水稻研究的序幕。论文中，他对雄性不育株在水稻杂交中所起的关键作用做了重要论述，并进一步设想了杂交水稻研究成功后的应用方法。这篇论文发表后引起了国内外的广泛关注，因为它在历史上首次揭开了水稻雄性不育的病态之谜。三系法杂交水稻研究的序幕，也自此拉开。

若论外貌，袁隆平实在是像得不能再像农民。甚至，站在一群每日下田耕作的农民中，他比真正的农民还黑、皮肤还粗糙、装束还简单，浑然没有人们印象中大科学家的外在风度。

时间来到 20 世纪 70 年代初，袁隆平和他的科研小组在云南元江开展工作，不料遭遇了 7.7 级的通海大地震。一众研究人员从睡梦中惊醒，只见天花板上的灰正扑簌簌地直往下掉。袁隆平吓了一跳，赶忙爬起身，连声叫醒助手，招呼他逃到安全地带。人跑出来了，可刚刚浸了正准备播种用的种子还在屋内。意识到这一点的袁隆平二话没说，冒险冲入危房把种子抢救出来——舍弃它，就意味着前段时间的心血全部付诸东流。当时余震不断，为了让实验继续下去，一行人索性住在满目疮痍的操场上睡草席，足足坚持了3 个月。

杂交水稻研究进入攻关阶段。袁隆平的研究小组入驻海南三亚进行繁育工作，他们在海南发现了被誉为"野败"的雄性不育野生稻。其转育工作的开展使得一向冷清的南红农场变得热闹非凡，全国各地的农业科技工作者不断汇聚到这里来跟班学习。

当时交通不发达，去海南的列车车次少、车速慢，老火车头呼哧呼哧地拖着身后的一节节车厢，脚步沉重地行驶在黑夜与白昼之间，车厢里的人挤得满满当当。袁隆平和科研小组的成员们背起一床棉絮，上面横一卷草席，提个桶，桶里面放着种子，就这样赶车、赶船下海南。

回想起那段前往云南、海南、广东等地辗转研究的日子，袁隆平觉得那样的经历"就像候鸟追着太阳"。他感慨地说："那个年代生活很苦，吃不饱，但我觉得乐在其中，因为有希望、有信念在支撑。一旦有好的苗头、有好的新品种出来，就算工作再辛苦，心里也感到很快乐。"

历史上，人们曾经希望发明一种"永动机"，能够不增加新的动力就一直运转下去。很长的一段时间里，袁隆平都处于这种"永动"的状态，浸入式地为科研四处奔走，无暇同家人团聚。他曾有七个春节都不曾回家，好不容易挤出时间看看妻儿，可能当天就接到让他返程的电话。

1989 年，袁隆平的母亲病危。接到消息的他，第一时间从工作地点赶过去，但到达医院时，一切已经太晚了。袁隆平克制不住心中排山倒海而来的悲痛，扑在母亲身上大哭，不停地捶打胸口，痛惜没能向母亲告别。

"自古忠孝难两全"。以袁隆平为代表的全国科研人员紧密协作，在"用粮食救中国"的誓言下，舍小家为大家地攻克了一个又一个技术难关，逐步实现了杂交水稻研究的历史性突破：

1973 年，籼型杂交水稻"三系"配套成功，水稻杂交优势利用研究取得重大突破；

1975 年，杂交水稻制种技术研制成功，我国因此成为世界第一个在生产上成功利用水稻杂种优势的国家；

1979 年 4 月，杂交水稻国际学术会议上，袁隆平宣读了论文《中国杂交水稻育种》，中国第一次将杂交水稻研究的成功经验传递给世界；

1981 年，国务院将国家技术发明特等奖授予以袁隆平为代表的全国籼型杂交水稻科研协作组；

袁隆平著于 1985 年的《杂交水稻简明教程》，经联合国粮农组织出版后，发行到 40 多个国家和地区，成为全世界杂交水稻研究和生产的指导用书；

1986 年，袁隆平提出了"由三系法到二系法再到一系法，由品种间到亚种间再到远缘杂种优势利用"的杂交水稻育种战略设想；

袁隆平近照（中国科协提供）

1995 年，两系法杂交水稻获得大面积生产应用，普遍比同熟期的"三系"杂交水稻每亩增产 5%—10% ；

1997 年，袁隆平再次发起研究超级杂交水稻，产量开始连年增长。

袁隆平获得了世界粮食奖。杂交水稻，这个水稻王国里的新生雏鸟，已由洞庭湖的麻雀变为太平洋的海鸥，彻底"飞"向世界。

3. 从科学家到农民的驰骋

数十年来，正如世界上大多数的杰出科学家一样，袁隆平一直站在公众的第一视角中，总是给大家带来振奋人心的消息，始终努力为千家万户撒下颗颗稻米。

1980 年，杂交水稻作为我国出口的第一项农业专利技术转让给美国。20 世纪 90 年代初，联合国粮农组织将推广杂交水稻列为解决发展中国家粮食短缺问题的首选战略，袁隆平被聘为首席顾问。

袁隆平把种子技术，更广泛地推广到世界其他国家，应用在稻米以至其他粮食种植上，构建了世界杂交水稻界的恢宏格局。

"我做过两次梦。一个是'禾下乘凉梦'。梦里，水稻长得有高粱那么高，籽粒有花生米那么大，自己和科研团队在下面乘凉。另一个就是'杂交水稻覆盖全球梦'。希望水稻亩产 1000 公斤梦想成真，实现了以后还有没有更高的目标呢？我希望培养一些年轻人向更高的亩产 1200 公斤、1300 公斤来奋斗。这就是我的梦，为我们国家和世界的粮食安全作出我应有的贡献。"

已至鲐背之年的袁隆平，仍未停下对于超级稻的研究与突破，殚精竭虑地尝试将水稻种在盐碱地里、种在沙漠中……

2017 年 9 月，生长在黄海之滨一片咸水中的特殊水稻——袁隆平团队培育出的最新"海水稻"喜获丰收，在 6‰盐度的咸水灌溉条件下正常生长结实，最高亩产达到历史性的 620.95 公斤；10 月，在河北省邯郸市的超级杂交水稻示范基地，袁隆平团队选育的超级杂交水稻品种"湘两优 900"实现亩产 1149.02 公斤，创下世界水稻单产最高纪录；在云南、陕西等 13 个省区市，建立了 31 个超级杂交水稻百亩连片高产攻关示范点。

"东方魔稻"让世界又惊又喜。在世界粮食奖颁奖仪式上，全球"绿色革命"先驱诺曼·博洛格与袁隆平握手致意，亲自给他颁奖。这一刻，科学殿堂与乡土田园交织的璀璨光芒，让世界重新认识中国。

袁隆平的办公室里，摆满了证书和奖章，但他却没有被各种荣誉堆得高高在上。

"粮食始终是国计民生的头等大事。我是学农的，就是要尽我最大的努力，能有更多的突破，永远不会停下前进的脚步。活到老，工作到老。只要身体好，脑瓜子不糊涂，不痴呆，有精力下田，我就不退休。"年已九旬的他一如年轻时的洒脱，身上时刻勃发攀登科学高峰的豪迈气概。

有人称袁隆平为"战略科学家"。说到粮食安全时，他总是淡淡地说一句：要用有限的土地养活更多的人。中国多一点粮食不怕，若少一点粮食，你试试看？

袁隆平的担忧不无道理。2008 年的全球粮食危机，让粮价上涨成为一场"无声的海啸"。筑牢粮食安全防线,是永远要绷紧的弦。

世界银行发布的报告称,未来世界粮食价格将长期高位震荡,这将严重威胁非洲、中东地区。国际货币基金组织负责人表示,粮食价格上涨是全球经济面临的四大危险之一。

资料显示,中国只要有 5% 的粮食供给波动,就会对国际粮食市场产生重大冲击。但凡有点国家安全意识的人都会明白,粮食在某种程度上不单单是商品,它更是一种重要的军事和政治意义上的战略物资。

由于长年累月与农民打交道,农民心里想啥,袁隆平心里很清楚,用农民的话说:"饿肚子的时候想吃饱,吃饱了肚子想致富。"

农民说,杂交水稻可以吃饱肚子却挣不来票子。让种粮者"有利可图",这也是袁隆平的追求。一方面,谷贱伤农,如果粮食减产,就是致命的问题,长了嘴的都是要吃饭的,饭碗里一粒米都不能少。另一方面,光靠种粮确实很难致富。为此,他多年来琢磨出了一个法子,希望农民"曲线致富"。譬如说,实行"种三产四"工程,三亩田的水稻就能打出四亩田的稻子。这样,就可以把节省下来的田地和劳动力用来搞多种经营,种蔬菜、水果、茶叶等经济效益更高的作物。从过去强调产量,向兼顾绿色、优质的目标转变。

水稻育种技术的多项突破,不仅使水稻产量持续提高、种植地域大大扩展,更迎来稻米"量身定制"时代。截至 2017 年,杂交水稻在我国已累计推广超过 90 亿亩,共增产稻谷 6000 多亿公斤。

袁隆平多次赴印度、越南等国,传授杂交水稻技术以帮助克服粮食短缺和饥饿问题,为确保世界粮食供给作出了卓越贡献。

为求解世界粮食安全"方程式",袁隆平和千千万万个为粮食增产勠力同心的科研工作者们一道,传承前辈的智慧结晶,双脚始终扎根在中国的泥土里。

回顾袁隆平的粮食创新之路,"知识、汗水、灵感、机遇"八个字不可少。他总是说:"书本知识很重要,电脑技术也很重要,但书本上种不出水稻，电脑上面也种不出水稻，只有在试验田里面才能长出我所希望的水稻。"

在新中国成立 70 周年之际，获得过首届国家最高科学技术奖等诸多荣誉的袁隆平，被授予"共和国勋章"。这个身材瘦小、有些驼背的老人，正在向着他的超级稻新梦想进发……

世界上始终存在着这样一种极致浪漫的英雄主义：秉持着丰沛的感受力、无边界的悲悯之心，直面艰辛与挑战，为国家、为人类的福祉奋斗终生。

第二节　麦田追梦者

河北省南皮县，东临渤海，地多盐碱。"春天白茫茫，夏天雨汪汪，十年九不收，糠菜半年粮"—— 一首民谣，道尽当地民生之艰。

昔日盐碱荒地，今朝"渤海粮仓"。

一位科学家，创造性地将小麦与野草进行远缘杂交，让小麦的后代获得草的抗病、抗旱涝、抗盐碱基因。这个品种累计推广 3 亿多亩，也奠定了"渤海粮仓"的基石。

这位与袁隆平并称为"南袁北李"的老科学家，几十年专注于一件事，只为将"中国饭碗"牢牢端在自己手上，他就是中国科学院院士、国家最高科学技术奖获得者、小麦育种学家李振声。

1. 让中国小麦增产百亿斤

生于山东淄博农村的李振声，自幼家贫，13 岁那年父亲去世，母亲带着 4 个孩子生活十分艰难。在亲友的帮助下，李振声得以幸运地读到高中二年级。

辍学后，他只身来到济南找工作，偶然间在街上看到山东农学院的招生广告，免费提供吃住的条件吸引了他，抱着试一试的念头，李振声去报考并顺利考中。

"1942 年山东大旱，挨饿是那时最痛苦的记忆。农民粮食不够吃，葱根，蒜皮，榆树皮都吃光了，必须解决吃饭这个头等大事！"这是李振声人生道路上的一大转折，也让他为未来数十年的执着坚守立下一颗初心。

新中国成立之初"家家种田、户户留种"的方式，导致小麦产量低而不稳，严重影响了人民生活。在 20 世纪五六十年代，小麦亩产还不到 100 斤。

1951 年，大学毕业的李振声被分配到中国科学院工作。最初，李振声的研究方向不是小麦而是牧草。在北京期间，他跟随导师、土壤学家冯兆林先生从事种植牧草、改良土壤的研究，对收集种植的 800 多种牧草进行了深入的观察和研究。

5 年后，他与课题组一起调到陕西杨凌的中国科学院西北农业生物研究所工作。刚到西北，就赶上了黄淮和北方冬小麦区条锈病大流行。这种被称为"小麦癌症"的流行性病害，具有发生区域广、流行频率高、危害损失重的特点。

这是我国历史上最严重的条锈病，导致全年小麦减产 20%—30%。"红薯汤，红薯馍，离了红薯不能活"就是当时部分农村的贫苦写照。

在条锈病的流行区，穿着黑裤子到地里走一圈，出来后就变成黄的。有的农民就在地头哭。当时只有 26 岁的李振声忧心忡忡：全国粮食只有 3000 多亿斤，减产 100 多亿斤，就相当于 30 个人里边，一个人的口粮被条锈病给吃掉了。条锈病平均 5 年半就能产生一个新的生理小种，而育成一个小麦新品种通常需要 8 年时间。小麦选育速度赶不上病菌变异速度，这个世界性难题必须解开。

对草有研究的李振声站了出来，他决定向小麦的改良研究进军。"一粒麦种，就是生存的希望。中国人不仅应该，而且能够自己养活自己。"

令李振声百思不得其解的是，农民种了几千年的小麦，但为何还是"体弱多病"。与之相比，野草没人管，却生长得很好。能不能通过小麦与天然牧草的杂交来培育一种抗病性强的小麦品种呢？

通过对小麦历史的研究，他了解到人们今天吃到的小麦，就是最原始的小麦先后与拟斯卑尔脱山羊草、粗山羊草经过两次天然杂交和长期的自然选择与人工选择进化而来的。李振声坚定了"麦草杂交"的设想，并得到了老一辈植物学家闻洪汉等人的支持。

不过，让两个风马牛不相及的物种杂交谈何容易，国内还从没有人尝试，许多人视之为畏途，李振声心里也没有底。长穗偃麦草是一种很高的牧草，株高可超过 1.5 米，产草量很大，每亩可达 4000 斤到 5000 斤。最重要的是，它能抵抗条锈病、叶锈病、叶枯病等多种病害，具有很强的抗寒冷、抗干旱、抗高温和抗干热风的能力。通过杂交，就能让牧草的抗病基因转移给小麦。

开始的时候，他和同事选用了 12 种牧草，杂交后的结实情况很不乐观，只有 3 种勉强能够结实，其中以小麦与长穗偃麦草杂交的长势相对较好。

科研的艰辛超出想象。李振声与课题组同事集中力量选用了 14 种小麦品种与长穗偃麦草杂交，总计做了 19328 朵花的杂交，平均结实率也只有 5.12%，杂种分离的稳定性也成为一个重要挑战。

研究进行到第八年的时候，终于迎来了转机。

1964 年 6 月 14 日，在经历了连续 40 天阴雨后，天气忽然放晴，阳光极强，温度陡升，试验田里几乎所有的小麦一天之间都青干了。所谓"青干"，就是叶子还绿着就变干了。就在这时，天天在地里查看的李振声发现田里有一株小麦的叶片还是金黄色，而且种子饱满，表明它既抗旱又抗高温。这株神奇的小麦样本被称为"小偃 55-6"，它就是后来功勋卓著的小麦新品种"小偃 6 号"的"祖父"。

"小偃 6 号"后来获得国家技术发明一等奖，成为我国小麦育种的重要骨干亲本，累计增产超 150 亿斤。

中国的杂交小麦从此掀开了新的篇章。

2. 实打实的"功勋小麦"

没有青干的"小偃 55-6"只是开始，接下来的问题接踵而至：杂交第一代多数不育，就如同驴和马杂交后生下的骡子不能再生育。还存在"疯狂分离"等问题，杂种后代多数像草，一点小麦的影子都看不见，这是因为草的遗传能力实在太强了，把小麦的很多特性都给掩盖了，经过两次回交后才能分离出像小麦的杂种，而且后代的形状很难稳定……

以往的研究，小麦之间的杂交一次就行了，现在至少要三次，时间长了很多。麻烦的是，远缘杂交需要一个复杂的筛选过程，这是一个相当漫长的等待和观察过程——每年里只能进行一次。有时一个杂种看着很好，而下一代却面目全非，让人困惑难解。

远缘杂交的难题接踵而至。真正的成功用了 20 多年的时间。李振声后来在谈到这段经历时，喜欢引述顾炎武的一句名言："以兴趣始，以毅力终。"时间是漫长的，但从另外一个角度来说，李振声和他的同事用 20 多年的时间，让小麦走过了自然界原本用几千年才有可能走完的道路。

20 世纪 70 年代末的一天，当时正值小麦成熟季节，李振声在地头四处转转，转到杂交选种的"小偃 7014"经红宝石激光处理的育种田时，他发现一株小麦表现不错，就把这株小麦拔回去重点考种。

经过几年的观察和试种，终于培育出了新品种。当年那株小麦，就是后来开创了小麦远缘杂交新领域并种遍我国黄淮麦区的"小偃 6 号"。

"小偃"系列如此排序，有一段来历。李振声选育的小偃麦从 4 号开始，先后选育出 4 号、5 号和 6 号。早在他刚从北京到陕西杨凌时，还曾育出过"小偃 2 号"。为什么没有 1 号呢？李振声这样告诉课题组：谁要是能选育出单产超过千斤的品种，就命名为"小偃 1 号"！

耗费 23 年时间的小麦远缘杂交育种研究终于取得了重大成功。其中"小偃 6 号"被陕西省作为骨干小麦品种连续种植 16 年以上，当时陕西农村流传着"要吃面，种小偃"的说法。"小偃"系列成为我国小麦育种的重要骨干亲本，是我国北方麦区的两个优质种源之一，其衍生品种已达 79 个。在众多农民眼中，这是实打实的"功勋小麦"。

数据显示，从 1978 年到 1998 年，我国小麦总产增加 694 亿公斤。李振声等直接培育和以小偃麦为亲本育成的衍生品种功不可没。

远缘杂交对小麦遗传改良的重要性是不言而喻的，但难度大，耗时长，别人很难重复。如何才能缩短育种时间？李振声另辟蹊径，20 世纪 70 年代后期，他又开始了染色体工程的研究。

李振声用远缘杂交获得的"小偃蓝粒"为材料，在国际上首创了一套新的染色体工程育种系统——蓝粒单体小麦系统，并创立了缺体回交法，将远缘杂交的时间缩短到 3 年半，为染色体工程育种开辟了一条新路。

这一创新引起了国际染色体工程界的注目，美国遗传学会主席西尔斯等知名专家提议将 1986 年的第一届国际植物染色体工程学术会议地点定在西安，为的就是到李振声的试验田里见识一下他的成果。

这时的李振声已经声名鹊起，各种奖励接踵而来。在西北工作了 31 年后，1987 年，他被调回北京，任中国科学院副院长。但李振声仍旧爱到田间地头去看小麦。他甚至在自家的阳台上也种上了小麦，最先用陶瓷的小盆，后来改用专门的培养箱，种得最多时，阳台上有五六箱麦苗。

3. 一辈子为国人"吃粮"奔忙

2007 年 2 月 27 日，人民大会堂，庄重的礼乐声响起，国家最高科学技术奖评选揭晓，李振声获得 2006 年度国家最高科学技术奖。科技界的这项最高奖自设立以来，只有袁隆平与他以农学家的身份获奖。

对于几十年如一日、把自己的精力和智慧全部献给了小麦育种研究的李振声，媒体这样报道：实现了"小麦里干出大事业"的夙愿，被誉为"当代后稷"。

李振声的大事业不仅在小麦育种里，还体现在对国家农业安全的战略规划上。做科研几十年之后，他逐渐把目光转到了宏观农业的发展上。

1985 年至 1987 年，我国粮食生产出现了三年徘徊，但人口却一下子增加了 5000 万。

当时的国家科学技术委员会召开了一次座谈会。李振声代表中科院参加了这次会议。"一个大国，怎么寅吃卯粮？'国以粮为天'啊！"会后，李振声与一批农业专家一边调查一边寻找出路。

中科院 27 个研究所的 400 名科技人员投入冀、鲁、豫、皖 4 省农业主战场，启动了以盐碱地治理和中低产田改造为主的农业科技战役。

在河南封丘县实验站，他们看到，这个每年要吃国家 7000 万斤救济粮的贫困县，经过对中低产田的治理，1987 年却给国家贡献了 1.3 亿斤粮食。这一负一正，等于增产粮食 2 亿斤，那么，仅我国黄淮海地区的 500 个县进行低产田治理，是不是就能增产 500 亿斤粮食呢？

在国务院的支持下，李振声组织了中科院 25 个研究所 400 多名科技人员深入黄淮海地区，与当地科技人员合作开展大面积中低产田治理工作。这被称为农业科技领域的"黄淮海战役"。①

治理沙荒、涝洼、盐碱地的科技人员，长年累月地在荒郊野外的沙滩上、鱼池旁、盐碱窝建房为家，辛苦工作和实验，无不令人感叹敬佩。到 1993 年，全国粮食从 8000 亿斤增长到 9000 亿斤，其中黄淮海地区增产了 504.8 亿斤，与预期结果相当吻合。

李振声不满足于此，8 年后，他又牵头提出建设"渤海粮仓"，向盐碱地要粮。2011 年 5 月，李振声在一次工作会议上提出"建设'渤海粮仓'的科学依据——需求、潜力和途径"。两年后，国家重大科技支撑计划项目"渤海粮仓科技示范工程"项目正式启动。

这一项目是中科院、科技部联合河北、山东、辽宁和天津共同实施的，通过研发、集成、示范推广耐盐优质高产农作物品种等措施，提高环渤海低平原 4000 万亩中低产田、1000 万亩盐碱荒地的粮食增产能力。

李振声课题组承担的任务是"耐盐小麦育种与示范"。由于小偃麦的亲本之一长穗偃麦草耐盐性强，研究人员从它与小麦的杂交后代中分离出一部分耐盐小偃麦新品系，"小偃 60"就是其中的一个优秀品系。2012 年与

---

① 李振声：《"农业黄淮海战役"的成功经验及对当前商品粮基地的建议》，《中国科学院院刊》2004 年 1 月 25 日。

2013 年，在河北海兴县的中度盐碱地上，经专家组测产，"小偃 60" 比当地品种 "冀麦 32" 分别增产 22% 和 22.9%。

将粮食育种研究进行到底！ 1992 年，李振声退居二线，他选择在北京郊区建立了一个育种基地。当时连路都不通，更别说搞科学研究的实验条件了。正午太阳照得人眼花，他就戴着一顶草帽，在麦地里蹲着，跟小麦 "对话"，一待就是一整天。

"人哄地皮，地哄肚皮"，技术来不得半点马虎。李振声越来越体会到，把科技转化成生产力，必须让技术长在泥土里。通过创建蓝粒单体小麦和染色体工程育种新系统，开创小麦磷、氮营养高效利用的育种新方向。在李振声看来，虽然高产的品种在实验田里亩产高，但要实现大面积粮食增产，还要靠土、肥、水、种等综合措施的改善。要解决好中国的粮食问题，只有到田里去，到群众中去。

李振声不停歇地追寻着农业科技的创新目标。改造中低产田，向盐碱地要粮……他为我国粮食安全、农业科技进步做出了杰出贡献，培养了一大批学术带头人和科技骨干。

从 1985 年获国家技术发明一等奖，1988 年获陈嘉庚农业科学奖，1995 年获何梁何利基金科学与技术进步奖，到 2006 年度获得国家最高科学技术奖，他功成不居。登上国家科技的最高领奖台，李振声却谦虚地说，没有集体的艰苦奋斗就不可能有今天。

如今，这位年过八旬却精神矍铄的农业科技泰斗，还时常要到小麦育种试验地走一走。他常挂在嘴边的话就是，野生植物是一个非常大的基因空间，要花更大力气去解开其中的基因之谜。他深知，粮食问题是世界性的大问题，也是永恒的主题，"我要毕其一生，做出自己力所能及的贡献"。

第三节 "中国饭碗" 的守望者

民以食为天，粮以种为先。优质高产的种子是丰收的基础。

在这场"端稳中国饭碗"的挑战中，袁隆平、李振声不是独自在战斗。

禾田道路上，镌刻着"中国饭碗"守望者的精神与力量。

1. 绿色超级稻

很长一段时间以来，能够走进公众视野的农业新闻，往往是诸如"水稻产量打破世界纪录""玉米产量再创历史新高"等产量突破的消息。但在现今这个粮食匮乏问题不再突出的时代，"量上去了，品质如何"的追问，被越来越多地抛出来。

高产与优质，难道如同"鱼与熊掌"难以兼得？这是摆在世界育种科学家面前的一道难题。

2018 年 1 月 8 日，一个和"吃"有关的科学研究登上了我国科技的最高领奖台——由中国科学院院士、中国科学院遗传与发育生物学研究所研究员李家洋领衔的分子设计育种项目团队摘得了 2017 年度国家自然科学一等奖。

同一年，李家洋又与袁隆平、张启发一起，因系统性地研究水稻特定性状的分子机制和采用新技术选用高产优质水稻新品种的开拓性贡献，获得了未来科学大奖。

"水稻高产优质性状形成的分子机理及品种设计"，项目全称听上去略有些拗口，但研究的问题却很接地气，破解粮食生产"优质不高产，高产不优质"的矛盾难题。有专家评价，"这个研究是引发一场新绿色革命的开端"。

说起绿色革命，人们最为熟悉的莫过于我国以袁隆平为首的科研团队完成的杂交水稻技术突破。而更早的绿色革命则要追溯到 20 世纪 60 年代，由美国植物病理学家诺曼·博洛格开创。

博洛格一共试验了 10 年时间，做了 6000 多次小麦杂交育种实验，最终培育出丰产、抗锈小麦品种，促进了世界性的小麦增产。他绝大多数时间都在发展中国家生活，在田间地头工作，为的就是试图战胜人类最大的敌人——饥饿，他也因此被誉为"绿色革命之父"。

随着生活水平的不断提高，人们对粮食的质量提出了新要求，不仅要吃饱，而且要吃好，还要吃健康的食品。新的绿色革命应运而生，李家洋团队的"分子设计育种"开始迈出步伐。

从宏观上来看，科学家要找到水稻质与量的"完美协调点"；而从微观层面来看，科学家就是要找到决定这个协调点的"基因"或者说"分子"。

不同品种的水稻有不同的特性，有的抗倒伏，有的抗虫，有的更高产……这些特性通常由某些基因决定。可到底是哪个基因决定了水稻在某一方面拥有与众不同的优势，人类此前并不清楚。

同样，在千百年的种植历史中，人们总结出"穗数""粒重""黏稠度""糊化温度"等衡量水稻产量与品质的若干个关键指标。不过，这些衡量指标与哪些基因一一对应，就不得而知了。

显然，想要调和水稻"质"与"量"的矛盾并非易事。如果某一个基因对应一个性状，上万个基因组合在一起，产生的可能性就是一个天文数字，这就是李家洋团队要破解的"基因密码"！

一颗种子看起来很小，但要真正把它做好并不容易，具有很高的科技含量。

可以打个比方，来比较常规育种与分子育种的区别：

常规育种好比在相亲时"海选"：科学家不知道哪个基因控制哪种性状，只能靠经验，通过最后的结果说明哪些基因组合是好的，这个过程非常漫长。

如今的分子育种则是从经过层层筛选之后的优秀"对象"里选择：科学家知道"什么基因在控制何种性状"后，就像搭积木一样，将超高产、品质改良和抗性提升等优势基因"组装"起来，杂交出一种前所未见的超级水稻。

如果说，常规育种需要 7—8 年才能选出育种材料，那么，分子育种技术能将其缩短到 3—4 年甚至更短，实现了快速、定向、高效培育系统改良的作物新品种，实现"精确育种"。

李家洋认为，科学进步的浪潮一旦形成，将给千千万万人的生活带来不可思议的变化，但唯有创新的"布道者"，能引领和把握这样的浪潮。

经过多年努力，李家洋带领研究团队找到了一个"关键基因"——IPA1，这是调控理想株型的分子模块。

未来，李家洋的团队还将朝着"量身定制"的方向努力。比如，针对糖尿病人等特殊人群，可以找到那个"关键基因"，然后设计研制高抗性淀粉的水稻。他还希望赋予米饭从"主食"跨界"营养品"的双重身份，这就需要研发出锌、铁、叶酸等重要营养元素含量高的水稻新品种……

选择走上一条与水稻、分子育种密不可分的道路，李家洋的经历浓缩了一代知识分子的人生选择。

1982 年，李家洋毕业于安徽农学院，两年后，他获得中科院遗传与发育生物学研究所的硕士学位，赴美国布兰迪斯大学读博士。

得知李家洋获得美国大学录取通知书的消息，中科院遗传与发育生物学研究所当时的老所长胡含没有丝毫犹豫，表示支持他出国。同时，胡含也希望他能够学成归国。李家洋同样没有丝毫犹豫，当场作出承诺。

不过，当他结束在美国康奈尔大学汤普逊植物研究所的博士后研究，正准备回国时，各方面的反馈信息并不乐观。在一次中国留学生的聚会上，一位同行跟他分享了自己不太成功的归国经验，并对他说："现在在国内还不具备做植物分子遗传学这种先进科研的条件，你是不是应该好好考虑一下？"[1]

李家洋经过慎重考虑，仍然做出回国的决定。他后来回忆，回国的初衷不能变，但可能要改变自己的目标：不必对自己今后的学术成就抱有太多期望，回国之后要做一块铺路石，铺路石是能够真正铺在大道上让它熠熠发光，还是不小心掉到一个小沟塘里没什么用，都要做好思想准备。

1994 年，李家洋回到祖国，一度面临艰苦的科研环境。一位美国名校毕业的归国博士，上上下下所有的科研启动资金合在一起，总共不到 10

---

① 徐天蔚：《李家洋　放眼希望的田野》，《中华儿女》2012 年第 22 期。

万元。

李家洋没有抱怨，他用这笔微薄的启动经费开始了实验室建设。经过不懈努力，研究逐渐走上正轨。最早研究模式植物的他，如今全身的回归稻田，就是为亿万人民的温饱做出努力。2010 年，李家洋团队克隆出了控制水稻株型的基因 IPA1，除此之外还确定了控制水稻茎秆数量和淀粉合成等重要性状的关键基因。

回顾从经历"文化大革命"，到恢复高考、改革开放、出国留学，再到学成归国走上科研之路并获得一些成果，李家洋感慨万千，这一代人经历了一个怎样翻天覆地的历史变化。未来中国应能够培育出更多智能型作物，有更多高产、优质的新品种，去满足国人的吃饱、吃好问题。

他坚信，沿着一条由科技创新铺就的大道，未来中国将继续走向世界前沿。

2. 中国粮用"中国种"

育出好种子，让金色的麦田丰收，让祖国的粮仓更加丰盈——是育种专家们孜孜以求的理想。

同是玉米，"土种子"会比"洋种子"差多少？

当听到美国玉米的最高亩产纪录已是中国 10 倍的消息时，在乡村小有名气的"育种行家"李登海，被深深地触动了。

"美国农民能办到的，我们咋就不能？"探索中国玉米高产道路，赶超世界先进水平，他立下了终生的志愿。

北方育种只有一季，要加快育种速度，必须与时间赛跑。

1978 年，李登海离开家乡，来到被育种家称为"天然大温室"的海南岛租赁土地进行玉米加代育种，育种时间一下扩大了 3 倍。

在三亚，他开始过上了"烈日蒸烤度白昼、育种田边宿"的生活。常伴左右的是超高温、蚊叮虫咬。为了潜心育种，每天早 6 时至 9 时，下地；10 时至 14 时，下地；15 时至 21 时，下地。为了抢农时，他更是白天黑夜连轴转。这样的习惯，一晃就是 30 年。

扎进玉米地的日子里，有着常人难以接受的艰辛。行内人知道，玉米培育一般是只有十万分之一的成功率。仅仅为了让国产玉米叶片竖起来，改善提升阳光利用率，就经历了无数次的失败。由于长期在玉米地里蹲着，李登海患上了严重的痔疮，疼痛难忍时，他甚至跪在厕所里大哭。在记录了几十万个数据后，李登海欣喜若狂地发现几株叶片上冲、株型理想的玉米。

1979 年，中国第一个紧凑型杂交玉米"掖单 2 号"出世，创下夏玉米亩产 776.6 公斤的纪录。

李登海，这个从庄稼地成长起来的农业专家，开始有针对性地进行紧凑型杂交玉米的育种。他几十年不间断地探索玉米高产攻关研究，一次次刷新世界夏玉米高产纪录。

1989 年，中矮秆紧凑大穗型高产品种——"掖单 13 号"亩产达到 1096.29 公斤问世。2005 年，"紧凑型超级玉米"登海 3719 以 1402.86 公斤的亩产，创造了新的夏玉米世界纪录。据测算，他培育的玉米种子累计在全国 10 亿亩土地上推广，直接增加经济效益近千亿元。

一次偶然的机会，李登海得知国外玉米试验站和种子公司做的是科研、生产、推广、销售一体化，为加快国内玉米科研成果的转化，种业产业化的新梦想开始滋生。说干就干，他创办了国内首家"育、繁、推"一体化民营种子企业。

在国家扶持种业政策的激励下，一批如登海种业一样的民营种子企业逐步成长，形成建设种业强国的"主力军"。通过引进国外先进的种质资源，李登海开始探索种质消化、吸收再创新之路，优良新品种不断涌现。

无论工作多忙，李登海都会亲自选种，他坚信："种子是农业的核心科技，一粒种子可以改变一个世界！"看到水稻、小麦、大豆、油菜等领域出现的"中国粮用中国种"成果，中国紧凑型杂交玉米育成者李登海特别欣慰。为了"心爱"的玉米事业，他还要继续攻关。

20 世纪 60 年代以前，偌大的中国市场都是"洋柿子"的天下，我国没有自己的番茄品种。

70 年代唯一一个国产栽培的番茄品种 6613 品质又极差，被农民称为"溜溜酸"。

看到"洋种子"每公斤的价格高的卖到 10 万元人民币，东北农业大学教授李景富内心很不是滋味。这个东北汉子咬着牙，下定决心，一定要实现番茄品种的国产化。

对农民而言，便宜管用的种子、良好的增产效果比什么都有说服力。

那段岁月，李景富至今难忘。他和科研团队夜以继日地工作，播种、嫁接、定植，攻克了一个又一个技术难题。10 多年后，终于培育出编号为东农 712 号至 723 号的"番茄种子"品种。10 余个全部拥有自主知识产权的品种，具有优质、多抗、抗逆、耐贮运、高产等特点，达到国际先进水平，大大提升了我国番茄品种核心竞争力。

要致富就不能让农民失望！这些番茄新品种可满足不同栽培用途、不同熟期、不同栽培方式的需求。特别是"超级番茄种子"，价格每公斤仅为 2000 元至 3000 元，相当于每粒价格只有 6 分钱。仅此一项，每亩菜园就可为菜农节省可观的种子费。番茄品种推广到全国后，创造经济效益达到 70 多亿元。

为了让番茄品种红遍中国，他又带领团队研究抗 4 种病害的"东农 708"，成为我国首创抗根结线虫病番茄品种；成本比国外降了一个数量级，项目荣获国家科学技术进步奖二等奖。

3. 拥抱希望的田野

2016 年冬天，在中国的最北端、北纬 53 度的漠河，一座日光温室拔地而起。

向北，再向北……中国工程院院士、沈阳农业大学原副校长李天来发明的日光温室技术不断挑战着蔬菜冬季种植的纬度、温度极限。

全国 18 个省份、累计上千万亩——这是以李天来日光温室技术为蓝本所种植的大棚蔬菜总面积。

择一事，惠众生。64 岁的李天来，经年累月把论文写在他扎根的田间地头。只要往育苗床和田垄上一蹲，他眼里除了蔬菜什么都顾不得，仿佛成了一尊塑像。

"蔬菜是老百姓生活的必需品，不能成为奢侈品。"推广节能、经济的温室技术，让农民们用得上、用得起、用得住，成为李天来团队的攻关重点。三十年如一日，李天来率领团队成员不断完善日光温室的采光、保温、蓄热三要素，把冬季蔬菜种植的"生命线"向北推，再向北推。

这是常人难以想象的艰辛。一年四季温室内白天温度 20—35 摄氏度，在寒冷的东北地区，棚内外温差甚至能达 40 多摄氏度。隆冬时间，一进温室热气扑面而来，浑身就像是蒸桑拿；一出温室，又让人身上的汗水瞬间冻得冰凉。

在苗床里一蹲至少两三个小时，长时间蹲在田间地头的李天来，落下了腰脱和关节炎的老毛病，严重的时候浑身无法动弹。医生给出建议：不能久坐，更不能久蹲。李天来一听，声音高了八度："不能久坐，我能做到；可到了地里，不蹲咋看得明白呢？"

有着 30 多年党龄的李天来，始终自称"农民的儿子"，他多年坚守的"温室梦"，让北方生长的果蔬突破"靠天吃饭"的"千年魔咒"，也为北方农民铺就了一条致富路。

在南方的长江边，桂建芳也有自己的梦想：让更多的人吃上鲜美的鱼。

作为业内公认的鱼类细胞工程学术带头人，他在鱼类遗传育种领域享有崇高的地位。"破解生殖奥秘，揭示病疫玄妙，渔业护平湖。"该诗句出自桂建芳写的《水调歌头·水经新注》，也是他事业的真实写照。

如今，人们餐桌上天天看到的鲫鱼，在全国大部分地区推广养殖，就得益于桂建芳的研究，选育出鲫鱼新品种——异育银鲫"中科 3 号"。

由于具有优良养殖性状，"中科 3 号"作为国家大宗淡水鱼类产业技术体系推介的第一个水产新品种，如今已游向全国，增产幅度 20% 以上。目前，在主要渔产区，"中科 3 号"占有率达 70%，为国人提供了重要的动物蛋白来源。

这些数据，普通百姓感受不深，但发生在餐桌上的变化，是真真切切的。

30 多年前，月工资 60 元就已经算是高收入，当时大鲫鱼每斤卖 8—10 元，对于一般家庭来说，是一种奢侈的享受，而现在市场上鲫鱼更大，但价格却没什么变化，几乎所有家庭都能消费得起。

1985 年，在武汉大学获得硕士学位后，29 岁的桂建芳进入中国科学院水生生物研究所工作，从此开始专注研究银鲫。在全国大江、大河、大湖 50 多个样点调研，取样四五千条，用分子标记进行遗传评价……30 多年间，桂建芳和他的同事们不辞辛苦地奔波着。

每年四五月份，是桂建芳和同事们最兴奋的季节。这是鱼类繁殖的季节，各种实验都在这个时间展开。这时，已经成为学术带头人的他，会亲自给研究生演示实验操作。

多年来，只要是研究鲫鱼需要的技术，桂建芳都不放过。在长期育种过程中，桂建芳积累了很多具有潜在价值的遗传资源。针对鲫鱼养殖区域广、养殖总量大，但品种混杂、养殖急需品种更新的严峻现状，桂建芳带领团队全力开展新品种选育。

30 多年研究一条鱼，该有多枯燥？当有人问起这个话题时，桂建芳淡然处之："做科研，静不下来，便深不下去。"

人人都能吃上鱼的梦想，正是在这样"静静"坚守中，一步一步变为现实。

中国人吃的每 8 个馒头中，有 1 个来自小麦品种"矮抗 58"。

茹振钢，这位河南省小麦抗病虫育种首席专家，培育的小麦品种"矮抗

58"被誉为"黄淮海第一麦",一个品种就累计推广上亿亩。

"恋爱谈几年还会淡呢,茹老师和小麦热恋了30年,热度丝毫不减。"身边人总是拿这句话打趣,茹振钢也跟着哈哈一乐,他自己常说,种麦子就像娶媳妇,要顺着她,让她喜欢你。

这位把论文写在麦田里的科研工作者,拥有2013年度国家科学技术进步奖一等奖等荣誉,在他的世界里,平常无奇的麦穗确能书写无数传奇。

饥饿,曾经是茹振钢青年时期的深刻记忆。20来岁正是能吃的时候,学校发的粮票不够,家里粮食又少,即使省下来一点也没有门路换粮票。经常是刚上完两节课,他就饿得发慌,盼着赶紧下课吃饭。他曾任性地一口气吃了8个馒头,竟然还不饱,之后接连过了好几天更苦的日子。频繁的饿肚子,坚定了茹振钢投身农业的决心。

年轻时,茹振钢的指导教授黄光正告诉他,"育种是人与植物的对话,小麦也是有感情的",这句话一直伴随他的育种生涯。

拔节、抽穗、灌浆,小麦生长的每个关键节点,他都蹲在地里细心守望。发现一株长得好的小麦时,他会蹲着一动不动,一手托着麦秆,一手小心翼翼地轻捋麦叶,口中赞叹"美,实在太美了"。

传统的小麦品种,往往是耐高温的不耐寒,耐干旱的不耐涝,耐瘠薄的不耐肥,怎么将矛盾协调统一,培育出接近完美的小麦品种?这个富有挑战性的问题令茹振钢时刻挂心,为此,他种下5万株小麦选育观察。

"年可以不过,试验不能停。一年365天,我一天也离不开小麦。"多年来,茹振钢对小麦的感情始终处于热恋状态。历经10年漫长岁月,在无数次大雪纷飞和狂风暴雨的考验下,他终于选出了最优的一株。

他能天马行空地把所有想到的东西都尝试在小麦育种上。在这种激情驱使下,茹振钢突破了一项又一项科研难题,还创造性地设计出许多业内首创的科研设备。将飞行器的风洞试验和弹簧秤原理与小麦研究相结合,研发出小麦数字化实验风洞,打破了过去"凭手感"的落后研究方式,首次实现对小麦抗倒伏能力准确的数字化认识。

20世纪90年代，在河南周口、驻马店一带考察时，眼看麦子长势良好，穗大粒满，甚至可以提前庆祝丰收了，谁料一场暴风雨突然袭来，麦子倒伏了一半。

快到手的粮食减产四五成，老百姓哭天天不应。茹振钢深受震动，作为育种专家，这种难题不解决，等着农民自己解决吗？

科技不是实验室里的纸上谈兵，农业技术只有实实在在地解决农民问题才有意义。

茹振钢经过10年潜心钻研和反复试验，"矮抗58"培育成功，这个品种亩产高达600公斤，还具备抗倒伏、抗冻、抗病和耐旱等种种优良特性。"有些农民在家就待几天，管它时候到不到，赶紧干完就走了。如果品种太娇气，今天不种明天就受损失，那就出事了。"茹振钢有着令人惊讶的细致贴心。

"麦秆光亮""穗大粒多""根系强壮"这些原本不带任何感情色彩的专业术语，在茹振钢的嘴里成了发自内心的赞美，常常吸引人们围观。

如今，这个"育种狂人"不仅成就了一批领先的育种技术，也为中国育种科研播撒下了一批"人才种子"。"茹振钢小麦科技创新团队"已拥有30名农学、分子生物学、计算机科学、材料工程学等专业人才，茹振钢带领的团队发现并创育了BNS低温敏感型小麦雄性不育系，为小麦杂交种利用奠定了基础，开始引领麦田里的创新赛跑。

"科技对农业的贡献率不断提升，'科技粮'是未来中国农业增产增效的最大潜力。"茹振钢说，"种子一撒，看天收粮"的传统农业时代已渐行渐远，大数据技术在农业生产的广泛应用不仅夯实了粮食高产的基础，也改写着中国农业的历史。

这是一份沉甸甸的成绩单！ 2018年中国粮食总产量为13158亿斤，较1949年的2263.6亿斤增长4.8倍；实现了从温饱需求难以满足到粮食人均占有量超过世界平均水平的重要转变。

"民以食为天"，对老百姓而言，农业大国带给国民舌尖上的变化，正是 70 年难忘的记忆。从曾经的食不果腹，到土豆、白菜、萝卜主导饭桌，物质匮乏的日子里，舌尖上的味道是单调的，甚至是苦涩的。

如今粮仓满了，"吃饱"不再是难事，国人开始经历从"吃得饱"向"吃得好""吃得健康"的历史性转变。健康的食品要从源头抓起，如何少打农药、少施化肥，为人们提供更安全放心、营养丰富的农产品，也给农业科研工作带来新的挑战。

东方大国正从"养活自己"向"养好自己"转变。中国的农业科学家们正不辱使命，为国人更健康丰实的餐桌而不懈努力。

第二章

中华医学新荣耀

诺贝尔奖的领奖台，何时能站上一位中国本土科学家？时光倒流 20 年，这简直是中国科学界的"世纪之问"。

2015 年 12 月 10 日，瑞典首都斯德哥尔摩，84 岁的屠呦呦一袭紫衣，从瑞典国王卡尔十六世·古斯塔夫手中接过诺贝尔生理学或医学奖的证书、奖章和奖金。

凭借一株名为青蒿的小草，"炼"成拯救世界数以百万计生命的灵药，屠呦呦成为中国本土的"诺奖第一人"。

这位没有留洋背景、没有博士学位、没有院士头衔的"三无"科学家，此时是真正的"药神"，为中国的"诺贝尔奖焦虑"画上了一个休止符。

为什么偏偏是她？

"科学研究不是为了争名争利。"屠呦呦带着几分吴侬软语的方音，"希望我的获奖带来新的激励机制，激励科技工作者以现代科学手段不断认识传统中医药，更好地为世界人民造福。"

疟疾，俗称"打摆子"，人类疾病三大杀手之一。全球约有 2.5 亿人感染，每年将近百万人死亡。

这种通过蚊虫传播的急性传染病，在新中国成立之初每年发病人数约为 3000 万人。20 世纪 60 年代初，疟疾再次横扫东南亚，疫情失控，中国大陆的发病率也急剧上升。

与疟疾"死磕"，看谁先找到新药，一场特殊的较量开始了。

规模、意义堪比"两弹一星"的"523"项目，历时 13 年，先后有全国 60 多家科研机构的 3000 多名科研人员参与。

历经 190 多次失败，发现青蒿乙醚中性提取物对疟原虫的抑制率达到 100%，患过中毒性肝炎的屠呦呦，成为首批人体试毒的"小白鼠"……

虽历经艰辛曲折，但终获成功。在过去的几十年里，它在全球共治疗了 2 亿多名疟疾患者，挽救了数百万人的生命，被誉为"东方神药"。

公元前 430 年，雅典近二分之一的人死于瘟疫，间接导致辉煌的古希腊文明被埋葬；古罗马的两次大瘟疫，又让这个横跨欧亚非的大帝国开始走向崩溃之路。与此同时，东方的中华文明虽也同样历经磨难，却数千年延绵不息，中国传统医药功不可没。

青蒿素的发现，是中国传统医学献给现代世界的一份珍贵礼物，也再度证实了"中医药是一个伟大宝库"的论断。

以青蒿素为代表，中华传统医学不断迎来创新。一次次挑战极限，一次次创造奇迹，为生死线上的患者带来新生，也给无数家庭带来希望。

1949 年新中国成立时，中国人的人均预期寿命只有 35 岁。

至 2018 年，中国人的人均预期寿命达到 77 岁，孕产妇死亡率由 1500/10 万下降到 18.3/10 万，婴儿死亡率由 200‰下降到 6.1‰，优于中高收入国家平均水平。

70 年，见证一个国家由弱到强的蓬勃跃升，也记录下中国卫生健康事业步履铿锵的印记。

今天，中国人尤其需要发扬"青蒿素精神"，以集体的智慧和团队的力量再攀高峰。

第一节 抗疟的"东方神药"

"这样重大的发现，竟然没有署名，这实在令人惊讶！"40多年来，研发出青蒿素，战胜疟疾的科学家的名字，在很长一段时间里，都不为世人所知晓。人们只知道，20世纪70年代初，中国的一个医疗机构研发出了青蒿素。

关于青蒿素最早的论文，出现在1979年，但是论文上却没有署名。到底是谁发现了青蒿素？这个谜题一直萦绕在美国华盛顿国立卫生研究院的路易斯·米勒和苏新专博士脑海中。

2005年，米勒和苏新专应邀在中国参加一次疟疾的学术研讨会，他们忍不住发问："你们知道是谁发现了青蒿素吗？"在场的人们面面相觑，让他俩感到惊讶：中国有专门的疟疾研究机构，却没人知道是谁发明了征服疟疾的青蒿素。

于是，苏新专开始自己从网上寻找线索，他发现很多论文都提到了北京一家相同的研究机构，电话打过去后，对方表示会给他寄来一份资料。在这个厚厚的档案袋里，是和青蒿素发现人有关的原始文件。一个名字闯入了苏新专的视线——屠呦呦！

综合这些资料和咨询得到的内容，苏新专和米勒拼凑出了"青蒿素发现"的整个来龙去脉……他们惊讶地发现，这不单单是一个有关科学发现的故事，更是一个牺牲自我、为科学献身的故事。[1]

1.险些错过的小草

这个在邻居们眼中"一点儿不起眼"的老太太，虽然一辈子都在和复

---

[1] 路易斯·米勒、苏新专：《青蒿素：源自中草药园的发现》，《细胞》2011年8月24日。

获诺贝尔生理学或医学奖的屠呦呦（李贺 摄）

杂的化学成分和提纯工艺打交道，她的生活很简单，只有家和单位这"两点一线"。

也许孩童般的心无旁骛，就是她打开成功之门的唯一钥匙。她的名字和她的发现就像是命中注定一样。

"呦呦鹿鸣，食野之蒿。"2000 多年前《诗经》中的词句，把屠呦呦和她后来一生的荣耀——青蒿串联在一起，不能不让人感慨天意巧合。

1930 年，浙江宁波。屠家唯一的女孩儿降生，开堂坐诊的父亲摘引《诗经》中的词句，为家中小女取名"呦呦"，意为鹿鸣之声。摆满古典医书的小房间、整齐放置各类中药材的柜子、久久熬制散出的悠悠药香……这一方小天地，孕育着屠呦呦悬壶济世的梦想。

中学时期的屠呦呦先后就读于宁波效实中学和宁波中学，同学回忆她"长得蛮清秀，戴眼镜，梳麻花辫"。她在班上不声不响，经常上完课就回家。在众多学霸同学中，低调婉约的屠呦呦显得不是那么出众，但她的聪明和认真，给当年的老师和同学留下了深刻的印象。只要是她喜欢的事情，就会努力去做，做到最好。

1951年，她如愿以偿考入北京大学医学院药学系，选择了一个那时比较冷门的专业——生物医学。在那个年代，身为女孩能够接受大学教育，屠呦呦说自己"很幸运"。当时的她也许并没有想到，十年以后她要面对的，是与疟疾防治相伴一生的科学战斗。

20世纪60年代，美越战争打得难解难分，交战双方都出现了大量人员伤亡。然而，美越双方都不约而同地发现，比起猛烈的炮火，他们还有一种共同的敌人——蚊子。

双方很多士兵在被携带疟疾病毒的蚊子叮咬后死亡。据美军的统计显示，一个班常常有三分之一的人感染疟疾。越南方面虽然没有具体的统计数据，但显然也为此焦头烂额。

能否找到有效的抗疟新药，成为越南战场上决定美越双方胜负的关键。

当时的美国投入大量财力物力，专门成立了疟疾委员会。耗资4.5亿美元，美国华尔特里德陆军研究院先后筛选了21.4万种化合物，却依然找不到理想的疟疾新药。

越共领导人访问中国时，向毛泽东主席寻求帮助。疟疾已经是"内忧外患"，到了非解决不可的地步。"解决你们的问题，也是解决我们的问题。"正是在这一特殊的历史时期，毛主席下令，把寻找治疗疟疾的药物列为重中之重。

1967年5月，"文化大革命"正如火如荼，毗邻天安门广场的北京饭店里，造反派的口号此起彼伏。多家来自全国疟疾防治领域最优秀的科研单位，仍然坚持用了一周时间，在这里召开协作会议，并制定出详细的工作规划。为了保密，以会议开始的日期为代号，称作"523"任务。

但是这项代号"523"的秘密科研任务，一开始进展却并不顺利。至1969年，筛选出的化合物和包括青蒿在内的中草药有万余种，但结果都不理想。

正是在这样的背景下，屠呦呦和她所在的北京中医研究院中药研究所，加入"523"任务。全国 60 多家科研机构的 500 多名科研人员组成了数个专业协作组，39 岁的屠呦呦临危受命，挑起抗疟新药课题组组长的重任。虽然职称只是实习研究员，但屠呦呦在中药所已经 14 年，兼具中西医学术背景，正致力于研究从植物中提取有效化学成分，是当时最合适的人选。

屠呦呦把年幼的女儿交给家人，独自前往河南展开研究。面对世界各国都还没有完成的挑战，她说："时代赋予我这个责任，我一定要把它努力做成功。"

在当时的中国，研发新药谈何容易。科学水平生产能力不足，没有尖端的科研设备，也没有雄厚的研究经费，一切都靠摸索前行。

与同期美国寻找抗疟药的各种技术条件相比，中国很多科研单位的设备都十分落后，但这并不能阻碍科学家们的研究步伐。没有先进的实验室，就深入民间搜集取样，寻找治疗疟疾的秘方；没有最新的医疗成果，就回归中药之根，从最古老的文献中汲取养分。

现代药物研究的一个重要途径，就是从植物中提取有效成分。

镇痛的咖啡因来自罂粟花，传统治疗疟疾的奎宁来自金鸡纳树的树皮，阿司匹林的原型从白柳树皮中提炼而来……千百年来，传统中医药也对自然植物作出了大量筛选，积累了海量药方。毛泽东就大力提倡：中医药学是一个伟大的宝库，应当努力发掘，加以提高。

从小受到传统医学影响的屠呦呦把研究目光锁定在中医药典籍上，试图从这些积淀着民族智慧的纸张中找到灵感。她一边拜访老中医，向他们请教地方经验，一边耐心搜集古典文献和一些地方志。

仅仅三个月的时间，屠呦呦就从我国历代抗疟方剂里记录的 2000 多种动物、植物、矿物中整理出可能具有抗疟活性的 640 多种药材，汇集成《疟疾单秘验方集》，又制作了 200 多张卡片细细分类。

青蒿，就出现在这个收集了 640 多种中药的小册子里面。屠呦呦的研究思路最初就很明确，她首先要找可靠的、有临床根据的中草药来进行筛选。

由她牵头完成的一本汇集了各种抗疟药方的油印小册子，很快被散发到全国有关的"523"研究单位。

中国中医科学院中药研究所的资料室里，至今保存着屠呦呦在"523"小组的工作资料。

胡椒、乌梅、鳖甲、乌头……每一种都要制作提取物，再筛查它们对小鼠的疟疾治疗作用，380多次实验，整个团队不分昼夜地进行着。漫长的等待、失败的煎熬、不确定的一试再试……

在第一轮药物筛选和实践中，青蒿并没有成为屠呦呦重点关注的对象。

在最初的评价里，1969年就已经发现胡椒、明矾、辣椒三个主要"苗头"，在动物实验上有效，疗效大概都在80%左右甚至更高。科研人员当年就把这三个样品拿到海南的疟疾疫区去做临床试验，但这三样虽然对退热有一定作用，但对疟原虫的杀灭没有什么临床效果，于是很快就被否决了。

迷茫是思想的先导，有迷茫的土壤，才会有思想的花朵。

在一次次的筛查与重建中，屠呦呦又翻出古代文献细细研读。东晋葛洪《肘后备急方·治寒热诸疟方》中的几句话引起了她的注意："青蒿一握，以水二升渍，绞取汁，尽服之。"青蒿，这种看起来不起眼的植物，原来早在东晋时期，人们就已经开始利用它来应对疟疾。

然而，青蒿提取物的药效很不稳定，时灵时不灵，怎么回事？被中医古典智慧浸润的她敏感地意识到，温度是保留青蒿有效性成分的关键。"青蒿一握，以水二升渍"，提炼为现在的文字语言就是：不能加热。

这是一个具有转折意义的决定，在此之前，她已经尝试筛选了大概两百多种中药，全部都没能成功。此刻，屠呦呦改用沸点只有35℃的乙醚代替水或酒精来提取青蒿。

经过周密的思考，屠呦呦重新设计了研究方向，她深深地意识到，除了温度是一个关键，还有药用部位的问题：根、茎、叶子、全草。屠呦呦和同事们不断地去粗取精，把青蒿分成更细小的部分，叶子、茎分出来做，最后确定是叶子部分效果最好。

这段经历，在后来一些文学作品中被描绘得近乎传奇，仿佛灵感在电光火石间迸发之后，所有问题都迎刃而解。但考察当年留下的文档记载，可以发现屠呦呦设计了非常严谨且相当枯燥烦琐的实验流程。

药厂已经停工，只能用土办法，买几个大缸，先将青蒿洗干净，然后泡一段时间，再将叶子包起来用乙醚泡。

1971 年 10 月 4 日。这一天，屠呦呦和同事们在经历了 190 个样品的失败后，在 60 摄氏度用乙醚萃取，得到了第 191 号中性提取物。这团小小的黑色提取物，承载着整个研究组积蓄的希望。他们小心翼翼地用小鼠进行验证——本次实验成果获得对鼠疫疟原虫 100% 的抑制率！

她即刻报告给"523"小组，并一心一意推动提取物进行临床研究。然而在后续个别动物试验病例的切片中，却发现了疑似的毒副作用。

研究组还没来得及庆祝，便又陷入了深深的思考：良药还是毒药，必须进行人体实验才能有准确的结论。"我是组长，我有责任第一个试药。"屠呦呦声音不大，但语气坚定。由于疟疾疾病的发病周期集中在夏秋季节，为了不错过时期，屠呦呦尽管身体不好，但还是做了一个大胆的决定，主动要求做这样的试验。

于是，屠呦呦等三名科研人员，一起住进了北京东直门中医院，成为首批人体试药的"小白鼠"。幸运的是，在医院进行一周的试药观察后，未发现药物对人体有明显毒副作用。

1972 年，"523"任务在南京举行内部会议，屠呦呦做了专题报告。报告中，她宣读了青蒿乙醚中性粗提物的鼠疟、猴疟抑制率达 100% 的结果。

与会者听取报告后返回各自单位，纷纷改进提取方法，陆续合成青蒿素单体、应用于临床试验并测定其化学结构。

一款全新的高效抗疟药物终于问世了！已经对传统药物"无感"的疟原虫，又迎来了新的"克星"。虽然此时东南亚的战火渐熄，"523"任务不再紧迫，但青蒿素及相关药品的研制却没有中断，相反，它不再限于一隅。国门初开，青蒿素仿佛横空出世，成为中国第一个自主研发的打入国际市场的药物，也成为沉寂已久的中国医学界送给世界同行的一份礼物。

根据世界卫生组织统计，全球约有 2.5 亿人感染疟疾，每年将近 100 万人因感染疟原虫而死亡。如果没有青蒿素，疟疾感染者中将有更多人无法幸免。

2011 年，素有诺贝尔奖风向标之称的美国拉斯克奖把荣誉献给屠呦呦和青蒿素。评奖委员会解释，之所以把奖颁给屠呦呦，是依据了三个"第一"：第一个把青蒿素带到"523"项目组，第一个提取出有 100% 抑制率的青蒿素，第一个做了临床试验。

评奖委员会成员之一露西·夏皮罗评价说：人类药学史上，像青蒿素这种缓解了数亿人的疼痛和压力、挽救了上百个国家数百万患者生命的科学发现，并不常有。

拉斯克奖的风向标作用果然再次显现，四年之后，屠呦呦将诺贝尔奖收入囊中。

2015 年 10 月，屠呦呦因为发现青蒿素获得了诺贝尔生理学或医学奖，这是中国首个诺贝尔科学奖，也是中医学和中医药成果获得的最高国际奖项。一生淡泊名利、全身投入科研的屠呦呦说："这不仅是个人的荣誉，更是国际社会对中国科学工作者的认可。"

年近 90 岁的屠呦呦，依然奋斗在科研一线。2019 年 6 月，屠呦呦团队在解决青蒿素抗药性和利用双氢青蒿素治疗有"不死癌症"之称的红斑狼疮有了新突破，有望再次为全球患者带来福音。

在新中国成立 70 周年之际，屠呦呦被授予"共和国勋章"。

2. 每一棒都功不可没

有人说，屠呦呦是一座孤峰，后人很难超越。

接二连三的殊荣，让屠呦呦毫不意外地站到了聚光灯下。

"我有点嫉妒屠呦呦，因为她挽救了数以百万人的生命。"就连与屠呦呦同在 2015 年获得诺贝尔奖的化学家阿齐兹·桑贾尔也这样对媒体说。

如同硬币的两面，当屠呦呦和她当之无愧的荣誉面向社会大众时，曾经参与大协作的众多科研人员注定被默默地遮掩在身后。

犹如众多科研人员环环相扣的接力赛，青蒿素的发现发明过程，从药材筛选、有效成分提炼、临床试验、结晶获取、结构分析、人工合成直至新药研发成功，每一棒都功不可没，没有谁能包打天下。

与那个时代的许多大计划一样，"523"任务把"全国一盘棋"的制度优势发挥到了极致。1967 年任务下达时，领导小组由国家科委、国防科委、总后勤部、卫生部、化工部、中科院各派一名代表组成，整体工作分为合成与筛选、中医中药、驱蚊剂、现场防治 4 个协作组，相关领域顶尖水平的 60 多个科研单位、500 多名科研人员加入其中。

1970 年，北京中药所余亚纲遍查中医药文献，总结了一份《中医治疟方、药文献》，有依据地提供药物筛选，青蒿就在其中。

1973 年，山东省中医药研究所、云南中医药所分别分离得到抗疟有效晶体，在动物试验中获得良好效果。

1975 年年底至 1976 年年初，中科院生物物理研究所李鹏飞、梁丽等人在化学结构推断的基础上，利用 X 射线衍射方法等手段得到青蒿素的晶体结构。

1976 年，中科院上海药物研究所承担了青蒿素结构改造的任务，研发出疗效更高、使用更方便的新型抗疟药。

……

"文化大革命"结束后，神州大地重新迎来科学的春天。1978 年，青蒿素抗疟研究获得国家重大科技成果奖，该奖认定，青蒿素的研制成功"是我国科技工作者集体的荣誉，6 家发明单位各有各的发明创造"。

协作攻关的集体成果——这既为抗疟新药研发计划画上一个圆满句号，也成为评价青蒿素研究的一个定论。

荣誉接踵而至，令人惋惜的是，一场围绕集体主义与个人英雄主义的争议也随之而起，争议的焦点在于：一项带有特殊历史背景的集体科研成果，是否应该以个人名义获得崇高荣誉。

有当年参加"523"任务的科研人员就表示，国外的评委会"不了解中国的实际情况，把当时由全国'523'办公室领导的数十个课题组都划归屠呦呦领导了"。

1978年11月的青蒿素成果鉴定会上，各研究机构对于排名先后出现了分歧。主持工作的领导出面做工作，"达成一致意见"。根据"523"领导小组办公室副主任张剑方后来主持编写的《迟到的报告》一书记录，6家主要研究单位排名如下：青蒿素研究部门：国家卫生部中医研究院、山东省中医药研究所、云南省药物研究所、广州中医学院；青蒿简易制剂部门：四川省中药研究所、江苏省高邮县卫生局。

"青蒿素的研制成功，是我国科技工作者集体的荣誉，6家发明单位各有各的发明创造。"这本书中写道，"但可以断言，从传统医药中，用现代的科技手段研制成功一种新结构类型的新药，发明证书上的6家单位中，无论是哪一家单位，以当时的人才、设备、资金、理论知识和技术，哪一家都不可能独立完成。"

国际顶级学术期刊《科学》也关注了这场持续多年的争议。"是否应该把研发出强有力的抗疟药物——这个'文化大革命'期间政府一个大规模项目的成果——归功于一个人？"《科学》的报道提出了这样一个开放式的问题。

这个问题很难得到标准回答。回顾近代科学史，科研荣誉的分享并不全是"风平浪静"。

牛顿和莱布尼茨两位科学巨人曾为争夺微积分的发明优先权各执一词，为后人留下一桩千古公案。因发现胰岛素而共获1923年诺贝尔奖的弗雷德里克·班廷和约翰·麦克劳德，在获奖后也曾指责对方"贪功"。历史上从来不乏顶尖科学家之间因"分功不匀"闹得不欢而散的先例。

小规模合作甚至个人化的研究，尚且无法精准衡量每一方的贡献，更何况一场特殊年代、全国规模的集体大协作。

如果找出1977年到1979年间国内有关青蒿素化学结构的多篇论文，我们会发现鲜明的时代烙印：没有个人署名，论文作者都是以"青蒿素结构研究协作组"或"北京中药所和上海有机化学研究所科研人员"的形式出现。

部分是因为"523"任务属于国防项目，有保密考虑；部分则是因为当时科学界百废待兴，许多科研规范还没有重新建立起来；甚至有一种声音认为，争先发表是知识分子的名利思想在作怪。

北京中药研究所的倪慕云执笔了国内刊发的第一篇关于青蒿素化学结构的论文。据她回忆，"文化大革命"刚刚结束，一些科学学术期刊也刚开始恢复工作，谁也不敢随便发，"当时我们不敢写中药所的名字，到最后还是写了青蒿素结构研究协作组，显得范围更小一点，人家也不知道你是哪个"。[①]

有人说，如果当时屠呦呦在发现乙醚提取的效果后能够先发表文章再共享成果，争议应该就会少一些。正是论文发表时用集体签名埋下了日后争议的伏笔。

但这样与国际通行科研体制接轨的规范，时隔多年才逐渐为中国科学界熟悉和应用。生物学家、北京大学教授饶毅由此感慨，青蒿素的发现史，有助于了解中国大科学计划、大协作的优点和缺点。

围绕青蒿素研究的争议，不可避免地影响到这项杰出成就的国际荣誉。作为鼓励科学原创发现的奖项，无论是拉斯克奖还是诺贝尔奖，都倾向于只授予最初的发现者个人。这与当时科研大攻关中一度强调集体主义的传统似乎并不契合。

对于大多数中国人来说，2015 年的诺贝尔奖绝对是一个"happy ending"。中国本土培养的科学家第一次登上了诺贝尔奖的领奖台，一项根植于中国科研体系的成就得到了世界认可，屠呦呦在台上尽可能地一一感谢了她曾经的研究伙伴。

"对于全国'523'办公室在组织抗疟项目中的不懈努力，在此表示诚挚的敬意。没有大家无私合作的团队精神，我们不可能在短期内将青蒿素贡献

---

① 张大庆、黎润红、饶毅：《继承与创新——五二三任务与青蒿素研发》，中国科学技术出版社、上海交通大学出版社 2017 年版，第 115 页。

给世界。"屠呦呦这样告诉所有人。

青蒿素，中医药"名不见经传"的领域，但恰恰是在这样"非主流"的研究领域，中国科学家取得了举世瞩目的成就。从这个角度来说，或许留给人们的启示是：要不拘一格地选择方向、选择课题、资助人才，而不简单聚焦于发表了多少篇文章、取得了多少项荣誉。

2019 年 5 月 25 日，第 72 届世界卫生大会正式审议通过了《国际疾病分类第 11 次修订本》，首次将起源于中医药的传统医学纳入其中，这是对中医药在国际上应用越来越多这一现实的认可。

如今，世界各国人民不断享受到中国传统医药带来的福祉。这种全新结构的抗疟新药，解决了长期困扰人类的抗疟治疗失效难题，标志着人类抗疟步入新纪元。

附录：屠呦呦致信新华社记者

新华社记者同志：

各位好！

上世纪 60 年代，在氯喹抗疟失效、人类饱受疟疾之害的情况下，我接受了"523"办公室的抗疟研究任务。我首先收集整理中医药典籍、走访名老中医，汇集了 640 余种治疗疟疾的中药单秘验方。这些方药指引了我们团队后来的中草药的提取分离研究。在青蒿提取物实验药效不稳定的困境中，东晋葛洪《肘后备急方》有关青蒿截疟的记载启迪了我们的研究思路，我们改进了提取工艺，富集了青蒿的抗疟成分，并最终于 1972 年发现了青蒿素。

历史的机缘让我有幸参与了抗疟药物的研发，青蒿素的发现是人类征服疟疾进程中的一小步，也是中国传统医药献给人类的一份礼物。研究过程中的艰辛无须多说，更值得一提的是，当年全国"523"团队对于国家使命的责任与担当，正是这一精神力量，才有了奋斗与奉献，才有了团结与协作，才有了创新与发展，才使得青蒿素联合疗法挽救了众多疟疾患者的生命。

中医药学是一个丰富的宝库，从神农尝百草开始，中医药传承几千年，先辈们为我们揭示了植物、动物甚至矿产等自然资源与人类健康的关系和秘密；中医药凝聚了中国人几千年来防病治病和养生保健的智慧。青蒿素的发现只是发掘中医药宝库的一种模式，继承与发扬中医药有多种模式和途径，需要中医药工作者努力探索，创新前进。作为中医药科学工作者，我感谢各位对中医药进展的关注和报道，这顺应了中医药的现代发展趋势！

感谢社会各界对中国科研工作的关注、鼓励和支持。也许很多朋友并不了解，疟疾对于世界公共卫生依然是个严重挑战，时至 2016 年，全球约半数人口，包括 91 个国家和地区的人口仍在遭遇疟疾的威胁。2016 年全球疟疾患者约 2.12 亿人，非洲地区 5 岁以下儿童患者的死亡率依然居高不下。世界卫生组织已经提出消除疟疾的宏伟战略目标。为此，我们青蒿素研究中心将竭尽全力，继续为人类的健康事业、为中医药的壮大和发展而努力。

屠呦呦

2017 年 6 月

3. 给世界的一份礼物

2019 年 1 月，英国广播公司（BBC）发起了"20 世纪最具标志性人物"票选活动，并公布了荣耀名单。

此次入围的分量可谓沉甸甸。作为入选科学家中唯一亚洲面孔，更是科学领域唯一在世的候选人，中国首位诺贝尔生理学或医学奖得主屠呦呦位列候选人名单之中。

她"打败"了宇宙探秘人斯蒂芬·霍金、量子力学的创始人马克斯·普朗克，成功比肩爱因斯坦、居里夫人等先驱。

对于屠呦呦的入选，BBC 给出了三大理由："在艰难时刻仍然秉持科学理想""砥砺前行亦不忘回望过去""她的成就跨越东西"。

"青蒿素——中医药给世界的一份礼物",这是屠呦呦在领取诺贝尔奖时的报告题目。演讲中,她回顾了自己收集整理历代中医药典籍和民间药方的经历,尤其是受到葛洪《肘后备急方》中相关记载的启发。

在公开场合的多次发言中,屠呦呦都提到,她发现青蒿素的过程离不开传统中医药的影响。那么在青蒿素的发现中,中医药的贡献究竟有多大呢?

关于青蒿入药,最早见于马王堆三号汉墓的帛书《五十二病方》,其后的《神农本草经》《补遗雷公炮制便览》《本草纲目》等典籍都有青蒿治病的记载。然而,古籍虽多,却都没有明确青蒿的植物分类品种。

后人考证:植物"青蒿"不等于中药材"青蒿",近年来所称的植物"黄花蒿"(Artemisia annua L.)才是中药所用的"青蒿",含有青蒿素,抗疟有效。

这一混淆并不能割裂青蒿素的发现与中医药典籍的联系,而更应归因于不同古籍对青蒿资源品种的混乱记载,其中,药典收载了 2 个品种,还有 4 个其他的混淆品种也在使用。

此外,青蒿素在原植物中含量不高,加上药用部位、产地、采收季节、纯化工艺的影响,客观上极大地增加了发现青蒿素的难度。

不过,屠呦呦等人提取青蒿素的过程,完全是采用现代医学的方法。此后的提炼结晶、分析化学结构更是现代科学才具备的手段。

事实上,"523"任务一开始的重点是针灸。广州中医学院、中医研究院、上海中医研究所和南京新医学院一直在对针刺治疗疟疾进行研究,主要通过单纯针刺、耳针、压椎、敷贴、穴位注射、埋线结扎、针刺加用药等方法进行治疗。

曾任广州中医药大学副校长的李国桥,当时参加了"523"任务针灸治疗疟疾小组。他回忆,当地人用针灸治疗看起来有效,但实际上可能是他们自身免疫力的作用,针灸调动了患者本身的免疫力。为了从免疫力方面寻找突破口，科研人员设计了一些提高外来人口免疫力的治疗方法，需要寻找首次发病的病例来进行深入观察。

李国桥和他的同事甚至用自己感染疟疾来做实验。"当时大家热情很高，都在自己身上练针，看哪个穴位感觉最好。大家各有各的一些方法和看法，包括拔火罐等。但那一年攻不下来，所以后来就不再继续了。"①

从数千年流传而来的中医典籍、民间药方和治疗手段，既是丰富的宝藏，也是茫茫的大海。如何继承发扬、发掘提高，令后人深思，考察青蒿素研究的历史，或许能给我们有益的参照和启迪。

哪怕在大数据、超级计算机等科技快速发展的今天，传统医学在几千年发展中积累的大量临床经验、对自然资源药用价值的整理归纳，也依然具有宝贵作用。

但中医也完全不必抗拒对现代科学体系的拥抱。陈海峰是"523"任务中的卫生部分管领导，他后来在总结"523"任务时说了一段意味深长的话：

中医里面有一个错误的认识到现在还没有解决。说中西医结合一点，中医被消灭一点；中西医彻底结合，中医彻底被消灭。实际上，中医是消灭不掉的。我们通过青蒿素的研究得到的最宝贵的经验就是，"继承发扬，整理提高"八个字，此外还要加上"中西医结合"这个中医政策。

中国中医科学院原院长张伯礼说，屠呦呦的贡献是"1"，而后续科学家的研究是在"1"的后面添加无数个"0"。过去，中医传承各拜各的师，各学各的艺，容易单打独斗，各自为政。在知识经济时代，每个人的知识和经验有限，中医创新发展必须打破"山头主义"，改变各自为战的方式，实现多学科团队作战，拢指为拳，这样，才有利于中医药不断出现类似"青蒿素"的重磅成果。

如今，以青蒿素类药物为基础的联合用药疗法（ACT），是世界卫生组

---

① 屠呦呦等口述，黎润红访问整理：《"523"任务与青蒿素研发访谈录》，湖南教育出版社 2015 年版，第 113 页。

织推介的最佳疟疾治疗方法，挽救了全球特别是发展中国家数百万人的生命，产生了巨大的经济社会效益，为中医药科技创新和人类健康事业作出了重要贡献。

然而，和疟疾的抗争，是一代又一代人的接力。

如今，在非洲农村泥泞的土路上、偏居一隅的村庄里……在世界上最艰苦、最需要医疗救助的地方，活跃着一批来自中国的医护工作者，他们带去抗击疟疾传染病的中国"救命药"，培养非洲版"赤脚医生"，以授人以渔的方式促进当地医疗事业可持续发展。

第二节　毒药中的"明星"

它是毒药中的"明星"，早在 2500 年前就已经为人们所发现。无论东方还是西方，它都与凶杀、复仇、阴谋有着千丝万缕的联系，也因此在历史记载和文学作品中留下"恶名"。

2500 年后的今天，它摇身一变，成为治疗绝症的独门秘方。

它的名字叫作砒霜，学名为三氧化二砷。晶莹剔透宛如霜雪，入水即化不留片影——它最早入药的文字记录，可以追溯到古希腊著名的"医学之父"希波克拉底。

在中国，大约公元 400 多年时的晋朝，葛洪曾记载了从雄黄、松脂、硝石合炼制得类似砒霜的混合物，古代中医将其用于治疗溃疡、哮喘、疟疾等病患，但也视其为"虎狼之药"，轻易不敢内服。《开宝本草》和《玉楸药解》中称其"味苦酸，有毒""辛，热，大毒"，认为其毒性比砒石更剧。历代医家启用砒霜时，均慎之又慎。

偏偏到 20 世纪下半叶，一批中国的医学家利用这味"虎狼之药"做成针剂，开发出被称为"上海疗法"的治疗手段，让千千万万罹患急性早幼粒细胞白血病（白血病中最凶险的一种）的病人得以存活。

"脱胎换骨"的奇迹由何而来？

1. 从砒霜到"癌灵"

20 世纪 70 年代初，全国范围的民间献方运动方兴未艾，各地均在收集老中医和各界民众数以百万计的单方、验方、秘方，将其汇编成册并试用验证，将其作为传承祖国医学遗产的一个重要内容。

就在此时，黑龙江省卫生厅接到一则消息：本省林甸县一个公社的卫生院采用有毒药物医治恶性肿瘤，民间"粉丝"众多。为了探明真相，黑龙江省卫生厅特地派了一个调查组前往林甸。

调查的过程很顺利，省里来的专家从乡间一位老中医处得到了秘方——砒霜、轻粉、蟾酥等几味剧毒药材配伍治疗"鼠疮"（一种淋巴腺结核）。不过，取自民间的偏方，疗效、安全性和作用机理都不明，首先得要验方。

调查组组长是时任哈尔滨医学院第一附属医院中医科主任张亭栋。他毕业于哈尔滨医科大学，学的是西医，1960 年到黑龙江中医学院参加"西学中"班，后来又到辽宁中医学院研究生班学习，成了一名掌握中西医两种方法的医生。

正是这样中西医结合的背景，张亭栋与同事、药剂师韩太云决定将秘方中的药物做成水针剂进行注射。因事情发生在 1971 年 3 月，故命名为"713"针剂，又称"癌灵"注射液。临床验证发现，这一针剂对某些肿瘤病例确实有效，但由于砒霜、轻粉、蟾酥均为毒性较大的药物，患者往往不能耐受。

如何能降低毒副作用？张亭栋与韩太云开始检测"癌灵"的成分。他们首先分析砒霜、轻粉、蟾酥的毒副作用，在临床上分别进行对照，做了大量的动物实验和观察，来确定治疗用量和治疗效果。

经过试验，他们发现轻粉中含有汞，会影响肾功能，出现蛋白尿，而蟾酥具有升高血压和强心作用，注射后病人会产生难耐的头痛。在去除掉轻粉和蟾酥后，虽然只剩下砒霜，疗效却没有降低。砒霜的主要成分是三氧化二砷，于是就直接使用三氧化二砷，效果依然显著。

在这个研究过程中，张亭栋慢慢将研究方向锁定在白血病。

1973 年，张亭栋和他的同事用改进后的"癌灵"注射液治疗 6 例慢性粒细胞白血病病人，发现 6 例病人症状都有所改善。

在那个药品研发管理还不是很严格规范的时代，新药的应用异常大胆，成果也来得非常迅速——1974 年，22 岁的女工董秀芝突发口鼻出血、血尿，情况危急被送到哈医大一院，确诊为急性早幼粒细胞白血病 M3 型，她在静脉点滴该药 4 个月后病情明显好转，同年底就出了院，继续按医嘱吃药复查。此后数年间，她甚至还怀孕生子并重返工作岗位。

当然，在那个年代里，不甚严格规范的除了新药应用，还有科学论文的发表。

1973 年和 1979 年，张亭栋和同事在《黑龙江医药》杂志陆续发表了两篇关于"癌灵"注射液治疗急性粒细胞性白血病的研究论文，总结了 1973—1978 年治疗急性粒细胞性白血病共 55 例，成为这一领域的开创性论文，为随后的研究人员夯实了基础。但遗憾的是，进入 20 世纪八九十年代，这一领域的国内外专家学者并没有意识到或关注过张亭栋的这些研究成果，国际上更是知之甚少。

知名生物学家饶毅曾用很大精力去勾勒这段历史，他认为，几乎所有英文文献并未记录张亭栋早在 1973—1979 年就已经发表论文，似乎都不知道张亭栋的关键作用。张亭栋在国际学界默默无闻，其原因"可能与他工作地区有关，也和他英文论文较少、缺乏国际视野和国际交流有关。不能完全排除他本人未充分意识到其工作重要程度的可能性"。①

虽然，世界著名杂志《科学》1996 年发表题为"古老的中医学又放出新的光彩"一文中有所提及张亭栋，但也只是说他的文章仅仅是发表于 1992 年。后者也是由中文写就，且并未引用 20 世纪 70 年代的原始文献。

---

① 饶毅、黎润红、张大庆：《化毒为药：三氧化二砷对急性早幼粒白血病治疗作用的发现》，《中国科学：生命科学》2013 年第 8 期。

张亭栋本人倒并不在意，80多岁的他，在利用砒霜攻克白血病的科研之路上，几乎穷尽了大半生的时光。在接受媒体采访时，他表示：当初确实没有意识到自己的工作到后来有那么伟大和重要。所以没有引用，觉得无所谓了。

2015年，在中国科技大学举行的求是杰出科学家奖颁奖大会上，张亭栋因在使用砒霜治疗白血病方面所作出的奠基性杰出贡献，获得了香港求是科技基金会颁发的100万元奖金。

求是基金会在颁奖词中评价："张亭栋的成就，是我国在单体化学药物方面得到世界公认的屈指可数的成就之一。他的发明通过与合作者的研究在1990年代后推广全国，其后推广到全世界，成为今天全球治疗APL白血病的标准药物之一。"

2.揭开"以毒攻毒"的谜底

最先意识到张亭栋和他的同事作出重要成就的，是上海血液学研究所的时任所长王振义，他也是国内治疗白血病的顶级专家。他用独创的全反式维甲酸治疗方法，救治了第一例急性早幼粒细胞白血病患者。在60余年的从医生涯中，王振义为医学实践和理论创新作出了重大贡献。耄耋之年的他，凭此成果摘得2010年度国家最高科学技术奖。

白血病俗称"血癌"，其中急性早幼粒细胞白血病最凶险、病程发展最迅速，致死率很高。20世纪80年代，日本偶像剧《血疑》在中国热播，人们在感叹生死不渝爱情的同时，也了解了白血病的凶险。

很长时间以来，尽管国际医学界为征服这种恶疾做过巨大努力，但还是感到棘手异常；尽管推出了化学疗法，但因化疗对肿瘤细胞和正常细胞实行"集体枪毙"，副作用较大，许多患者仍被过早地夺走了生命。

急性早幼粒细胞白血病患者化疗后5年存活率只有10%—15%。病人的痛苦，医生的束手无策，让王振义急在心头，急切希望找出化疗之外的疗法。

20 世纪 70 年代末期，王振义开始根据诱导分化思路治疗白血病。他在国际上率先采用全反式维甲酸对 20 多种白血病的一种——急性早幼粒细胞白血病进行治疗，获得震惊世界的成功。这种能分清"敌我"的药物，可在不伤害"无辜"的情况下，对癌细胞进行"教养改造"。

1986 年，上海市儿童医院血液科收治了一名急性早幼粒细胞白血病小病人，她高烧不退、出血不断，病情十分危急，王振义的夫人正是她的主治医师。

这对学术伉俪为孩子"活不过七天"的诊断忧心忡忡，"能不能用全反式维甲酸诱导分化疗法做'最后一搏'？"王振义大胆的想法，却遭遇"疯了""胡闹"的反对声。要知道，维甲酸在过去是用于皮肤病治疗的外涂药物。但直觉告诉王振义，这种疗法将产生颠覆性的效果。

当时已经 61 岁的王振义拼了命地说服其夫人和患儿家属，原本已经打算放弃治疗的家属同意试一试。奇迹真的发生了。在使用全反式维甲酸治疗一周后，小女孩的体温下降，身体各项指标趋于正常，王振义从死神手中夺回了患儿的生命！这次治疗是世界公认的诱导分化理论让癌细胞"改邪归正"的第一个成功案例。诱导分化理论为白血病等恶性肿瘤的诊治提供了全新理念，拓展了肿瘤学研究的广阔空间。

紧接着，团队在全市范围内试点治疗了 24 个病例，最终治愈率高达 90% 以上，急性早幼粒细胞白血病由此成为首个可以治愈的急性白血病。

如果把急性早幼粒细胞白血病患者比喻成已进入死亡的黑暗地带，那么，王振义的这套治疗方法就像在黑暗中划过的一道光，让病人重燃生命之火。

1988 年，在《血液》上发表的第一篇关于全反式维甲酸临床应用论文，引起国际血液医学界强烈震动，掀起诱导分化研究新高潮。论文迄今被同行引用 1700 多次。

按照常理，药物八成至九成的成本来自专利费用。正因王振义没有申请专利，全反式维甲酸在全球范围内都进入了快速转化通道。最初十余年，作为医院的院内制剂，这个救命"神药"13粒仅售30元，如今也仅为10粒290元，且纳入医保范围。

王振义没有止步于此。在随后更大规模的治疗中，他发现，只用全反式维甲酸治疗，许多患者几个月后就会复发。他又开始寻找其他可能有效的药。

此时，张亭栋和他的同事们在哈尔滨用它治疗白血病引起了国内外学者的密切关注，王振义和他的团队邀请张亭栋前往合作攻关。张亭栋知道了王振义研究早幼粒细胞白血病时找到了维甲酸作用的靶点，也希望一起合作验证砒霜的临床效果，寻找可能的治病机理。

由于维甲酸和砒霜都有毒性，这项研究从一开始就伴随着争议和怀疑。

经过反复实验和研究，王振义团队发现，砒霜作用的靶点和维甲酸一样，于是开始做一些临床试验，主要用于治疗维甲酸治疗和化疗治疗后复发的患者。这部分患者对维甲酸和化疗都产生了耐药性，用砒霜治疗却有很大程度缓解。①

随着研究深入，他们发现，不必等到患者复发后再用三氧化二砷治疗，而可以改用联合疗法，效果相当不错。"上海方案"出炉了！患者的完全缓解率可以达到90%，5年存活率也达到90%。

治疗成果说明了一切。"采用联合疗法后，我们医生更有把握缓解病人病情，保住他们的生命。"王振义回忆。

法国荣誉骑士勋章、国际肿瘤学界最高奖凯特林奖、瑞士布鲁巴赫肿瘤研究奖……这位被医学界誉为"癌症诱导分化第一人"的人物在国际上获得了一系列殊荣。

行医执教70余年，王振义先后担任内科基础、普通内科学、血液学、病理生理学等教学工作。在众多学生中，最为人所称道的是他的三位院士学

---

① 陈国强、陈赛娟、王振义、陈竺：《氧化砷注射液治疗早幼粒细胞性白血病的机制研究及展望》，《中国中西医结合杂志》1998年第10期。

生——陈竺、陈赛娟、陈国强。

3.环环相扣的"接力赛"

集中国科学院院士、美国科学院外籍院士、法国科学院外籍院士等诸多头衔于一身的陈竺，有着诸多耀眼的光环。

1970 年，随着上山下乡的大军，陈竺辗转来到江西省赣南地区信丰县，开始了 6 年的知青生活。每天收工后，他就在家里看父母寄来的医学书，常常点着煤油灯看到深夜。1974 年，21 岁的陈竺成了一名"赤脚医生"，村民们有个头疼脑热，就会去找"陈医生"。

由于表现突出，1975 年，陈竺被推荐到江西省上饶地区卫生学校学习，勤奋好学的他毕业时各门成绩全是优秀，被留校任教。工作之余，他翻译了数十万字的医学文献。

1978 年，陈竺被推荐到上海第二医学院附属瑞金医院内科进修时，结识了著名的血液学专家王振义教授。王振义发现，陈竺虽然只有中专学历，但写的病历十分仔细、准确，从此，他开始悄悄地暗中观察这个年轻人……

这一年，高校恢复研究生招生考试，爱才心切的王振义鼓励陈竺报考自己的研究生。陈竺夜以继日地自学大学课程，最终在 600 多名考生中获得血液学专业第一的好成绩。王振义承受了巨大压力，破格录取了这位没有上过大学的研究生。

每当目睹白血病人那一张张蜡黄的脸，看到白血病人那绝望的目光，倍感焦急之余，陈竺便暗下决心：把事业的立足点放在攻克白血病这一世界性难题上。

他跟随王振义教授为制服白血病开始攻关，但历经四载所获甚微。白血病患者迅速被夺走生命的残酷事实，使陈竺清醒地认识到：没有先进的科学技术和医疗手段是不行的，必须走出去，学先进，求新知。

1984 年，陈竺凭着优异的专业成绩和掌握英语、法语两门外语的优势，成为新中国成立后首批赴法国担任外籍住院医生的人选，来到巴黎第七大学圣·路易医院血液中心实验室。一年后，他开始在这里攻读博士研究生学位，主修分子生物学。

虽然身在异国他乡，陈竺却时刻不忘祖国。法国的学习经历，让陈竺深深体会到：祖国是一个你离开她就会更爱她的地方。1989 年，他在毕业博士论文上深情地写下："献给我的祖国"。

此时，喜讯从国内传来：王振义教授用全反式维甲酸治疗早幼粒细胞白血病的临床实践获得成功。陈竺兴奋不已，他决定：我要从分子生物学的理论高度进一步阐明王老师的临床效果，这是今后科研工作的特色，也是向白血病发起最高层次的挑战。

他决定回国，与王振义教授"会师"。1989 年 7 月 4 日，陈竺和妻子陈赛娟双双回到了阔别多年的上海。这次"有备而归"，他带回的，不是家电，而是用积蓄购买的和国外赠送的器材和试剂，他要在上海建立一个高水平的血液分子生物学实验室，主要研究维甲酸的诱导分化及治疗白血病的分子机理。

当时，维甲酸和三氧化二砷治疗白血病的效果显现，但是，"毒药"为什么会诱导癌细胞"改邪归正"，其"以毒攻毒"的作用机理究竟如何，从"是什么"到"为什么"，从偶然到必然，陈竺在王振义研究的基础上实现了崭新的探索。

在研究中，陈竺和妻子陈赛娟等人在世界上首次阐明了三氧化二砷治疗白血病的分子机理，从理论上搞清了三氧化二砷之所以有优于维甲酸的疗效，是因为这种药物能促使癌细胞走向"自杀"——凋亡，在国际上再次填补了白血病研究的一个空白点，为千千万万个白血病患者打开了一条延续生命的希望之路。

世界血液学权威杂志《血液》发表了由陈竺和张亭栋撰写的论文，并在封面刊登了通过 DNA 染色观察治疗前后对比骨髓的论文附图。该杂志评价说："这是一篇创造性论文，首次发现三氧化二砷诱导白血病细胞凋亡的科研结论，是继维甲酸之后，中国学者在本领域内的又一次重大突破。"

世界著名的《科学》杂志也以"古老的中医学又放出新的光彩"为题予以报道。

之后，源自民间中药偏方的制剂室产品"亚砷酸注射液"，终于在抗击"血癌"攻坚之路上脱颖而出，被视为"在国际血液学领域掀起了一场革命"。

上海瑞金医院成为无数白血病患者的希望所在。两位多次复发的日本白血病患者，在化疗回天乏术、医生为其判了死刑之后，抱着一丝生的希望来到上海，经过治疗，病情奇迹般地得到缓解。

1999 年，"亚砷酸注射液"获得国家发明专利，专利期限为 20 年；同年下半年，该药被国家药品监管部门批准为二类新药。2000 年 9 月，美国食品和药品管理局在经过验证后亦批准了亚砷酸的临床应用。

经过多年探索和试验，陈竺发现维甲酸和砷剂实际上是通过不同的途径，靶向作用于急性早幼粒细胞白血病的同一关键致病基因编码的蛋白质，并因此提出两药共用的"协同靶向治疗"设想。临床试验中，90% 以上的患者长期无病生存。

陈竺因此在 2012 年获得了全美癌症研究基金会颁发的圣捷尔吉癌症研究创新成就奖。这是世界在癌症研究方面的最高嘉奖之一，也是美国以外的科学家首度获奖。

在白血病治疗和药物研究取得巨大突破的同时，陈竺在创新的疆域上不断突飞猛进。20 世纪 90 年代，他参与了我国人类基因组研究计划的运筹、组织和管理，组建了我国第一个国家级基因组研究中心——国家人类基因组南方研究中心。

42 岁时，他进入了"863"生物领域专家委员会，开始从事被称为"战略科学家"的工作。同年，成为当时中国医学界最年轻的中科院院士。

1996 年 12 月，全美血液学大会在美国召开，时任上海血液学研究所所长的陈竺受邀参加。陈竺发言时详细介绍了砷剂治疗复发的白血病症 15 例，其中 14 例获得完全缓解。会场轰动了。

陈竺向外界介绍张亭栋说，"在砷剂治疗白血病的道路上，请不要忘记这位同样来自中国的中医专家，正是他的发现，才有了今天的成就。"

对于他来说，在这个实现接力赛的团队里，有经验丰富的王振义教授，有志同道合的妻子陈赛娟，还有那些默默无闻甘当铺路石的科研前辈以及充满活力、接续奋斗的青年人。

上海血液学研究所，如今已成为国际瞩目的白血病研究基地。这里不仅有抢占世界科研制高点的硬件设施，也有一批可与国际癌症研究权威对话的科学家。

受过严格科学训练的陈竺深知，现代科学的发展，需要多学科交叉、多种技术集成，只靠个人单枪匹马奋斗，中国的科研难以赶超世界先进水平，只有发挥团队作用，才能产生创新的"核聚变"。

第三节　创新药唱响"中国声音"

1. 一生做一事的"糖丸"爷爷

2019 年 1 月 2 日，一个晴朗的冬日。

"糖丸"爷爷顾方舟，平静地走了，享年 92 岁。

"健康对于生命，犹如空气对于飞鸟，有了空气，鸟儿才能展翅飞翔。珍惜生命，爱护健康。"这是他给世界、给他最爱的人民深情的寄语。

一颗小小糖丸，几代中国人的记忆。它不仅控制了中国脊髓灰质炎，更让千百万儿童免于罹患小儿麻痹症。

小时候每次打完疫苗针都会得到一颗甜甜的糖，曾经以为这是打针不哭的奖励。那时候几乎没有孩子知道，这颗糖丸也是一种疫苗，是使我们所有孩子远离小儿麻痹症危害的"宝物"。而发明这颗糖丸的他却一直身居幕后，很少被世人所知。

他就是我国著名医学科学家、病毒学专家顾方舟。作为我国脊髓灰质炎疫苗研发生产的拓荒者、科技攻关的先驱者，顾方舟研发的脊髓灰质炎疫苗"糖丸"护佑了几代中国人的生命健康，让中国进入无脊髓灰质炎时代。

顾方舟，1926 年出生，1950 年毕业于北京大学医学院医学系。有一双巧手的顾方舟舍弃了待遇高、受尊重的外科医生职业，选择了从事当时基础差、价值低的苦差——公共卫生。在他眼中，当医生固然能救很多人，可从事公共卫生事业，却可以让千百万人受益。

脊髓灰质炎俗称小儿麻痹症，生病的对象主要是 7 岁以下的孩子，一旦得病就无法治愈。由于病症是隐性传染，开始的症状和感冒无异，一旦暴发，可能一夜之间，孩子的腿脚手臂无法动弹，如炎症发作，孩子更可能有生命危险。

1955 年，脊髓灰质炎在江苏南通大规模暴发。全市 1680 人突然瘫痪，大多为儿童，其中 466 人死亡。病毒随后迅速蔓延到青岛、上海、济宁、南宁等地，一时间全国多地暴发疫情，引起社会恐慌。

1957 年，刚回国不久的顾方舟临危受命，开始脊髓灰质炎研究工作。他首先从患者的粪便中分离出脊髓灰质炎病毒。攻克脊髓灰质炎的战役，首战告捷。

接下来的考验就是疫苗研发的技术路线，这是一个艰难的选择：活疫苗与死疫苗两种疫苗相比较，死疫苗虽然安全，但是低效；活疫苗虽然高效，但是安全性存疑，有可能个例会出现严重反应，且两种疫苗的成本差别巨大，1 人份的死疫苗成本相当于 100 人份的活疫苗成本。

冒着极大的风险，顾方舟结合我国当时的国情和经济基础，大胆判断：中国只能走活疫苗的路线。卫生部采纳了顾方舟的建议。

为了进行自主疫苗研制，顾方舟团队在昆明建立医学生物学研究所，一群人扎根在距离市区几十公里外的昆明西山，与死神争分夺秒。

就这样，一个挽救百万人生命健康的疫苗实验室从一个山洞起家了。顾方舟自己带人挖洞、建房，实验所用的房屋、实验室拔地而起，一条山间小路通往消灭脊髓灰质炎的梦想彼岸。

生产基地的建设面临着资金少、交通运输困难、物资紧缺、苏联撤走所有援华专家的困难。顾方舟后来回忆说："那时候没有房子，住都没地方住，搭起炉灶来就那么干，吃也吃不饱，可是大家咬紧了牙关干。"

9 个月后，疫苗生产基地终于建成了。研究所几乎是建在一座荒山上，研究人员只能在漏雨的实验室中开展工作。他说："人可以饿，猴子是做试验用的，绝不能饿着。"

临床试验怎么做？

中国首批减活疫苗研发生产之后，在猴子身上试验成功，但是动物成功不代表人类就能成功。怎么做临床试验？这对于当时的中国来说几乎就是不可能完成的任务。

面对这些副作用还不明确的疫苗，顾方舟选择做人体试验的方法，竟是自己首先喝下去！10 天后，安然无恙，说明疫苗成功了？又一个重要问题萦绕心头——成年人本身大多就对脊灰病毒有免疫力，而小儿麻痹症高发还是孩子，对成年人有效不代表对孩子也有效。必须证明这疫苗对小孩也安全才行。那么，找谁的孩子试验？谁又愿意把孩子给顾方舟做试验？

顾方舟毅然作出了一个惊人的决定：瞒着妻子，给自己几个月大的儿子喂下疫苗。

对于一个刚做父亲的人来说，这比割肉还要心疼。一旦失败，他的孩子面临的就是瘫痪甚至死亡。然而为了全中国千千万万的孩子，他义无反顾。

实验室一些研究人员作出了同样令人震惊的决定：让自己的孩子参加这次试验。经历了漫长而煎熬的一个月，孩子们生命体征正常，第一期临床试验成功了。这个时候，一向坚强的顾方舟哭了，和同事们抱在一起哭了。

随即更大规模的二期临床试验开展，2000 人，全部成功。

1960 年，全国正式打响脊灰歼灭战。首批 500 万人份疫苗在全国 11 个城市推广开来，流行高峰很快被遏制下来。

然而，首批脊灰活疫苗生产出来后，又有了新难题。怎样才能让疫苗既方便运输又让小孩爱吃呢？顾方舟想到，为什么不能把疫苗做成糖丸呢？经过一年多的研究测试，闻名于世的脊灰糖丸疫苗问世了。

除了好吃外，糖丸疫苗也是液体疫苗的升级版：在保存了活疫苗病毒效力的前提下，延长了保存期——常温下能存放多日，在家用冰箱中可保存两个月，大大方便了推广。为了让偏远地区也能用上糖丸疫苗，顾方舟还想出了一个"土办法"运输：将冷冻的糖丸放在保温瓶中！

这些发明，让糖丸疫苗迅速覆盖祖国的每一个角落。1965 年，全国农村逐步推广疫苗，从此脊髓灰质炎发病率明显下降。1978 年我国开始实行计划免疫，病例数继续呈波浪形下降。

1981 年起，顾方舟从脊灰病毒单克隆抗体杂交瘤技术入手研究。1982 年，顾方舟研制成功脊灰病毒单克隆抗体试剂盒……

历经 40 年的不懈努力，世界卫生组织证实，中国本土脊灰野病毒的传播被阻断。小小的糖丸，让脊灰的年平均发病率从 1949 年的十万分之 4.06，下降到 1993 年的十万分之 0.046，使数以万计的儿童免于致残。

2000 年 7 月 21 日，在中国消灭脊髓灰质炎证实报告签字仪式上，已经 74 岁的顾方舟作为代表，庄严地签下了自己的名字。中国正式成为消灭脊灰国家，这也是人类继消灭天花之后的又一个伟大成就。

一颗小糖丸，造福无数人。一辈子，他尽力了，勤勤勉勉只为报效国家，回馈人民；一辈子，他为中国儿童健康创造了一个"奇迹"；一辈子，一颗颗脊髓灰质炎糖丸甜蜜了多少人！

作为北京协和医学院的老校长，顾方舟总是说，"这一生，就做了一件事，值得！"

在新中国成立 70 周年之际，顾方舟被授予"人民科学家"国家荣誉称号。

而在协和史上，无数贤达，为国为民奉献自己。

中国工程院副院长、中国医学科学院北京协和医学院院校长王辰院士所说的"人生为一大事来，做一大事去"这句话，是对顾方舟人生的最好写照。医学和人类健康这一终极目标联系在一起，就不要怕医学之路遥远，不要怕路之艰辛。

心存使命和责任者，其行为自会卓然于众。

2. 创新药"中国造"

医学科技创新，推动着中国医疗技术能力的不断提升，一次次挑战极限，创造着医学奇迹，为生死线上的患者带来新生，也给无数家庭带来希望。

"千村薜荔人遗矢，万户萧疏鬼唱歌。"旧中国，疟疾、鼠疫、霍乱、黑热病、斑疹伤寒、血吸虫病等恶性传染病、寄生虫病和地方病，横行肆虐。

血吸虫病基本被消灭，成为新中国疾病防控的"第一面旗帜"。1961年，中国境内报告了最后一例天花，比全球最终认定的最后一例天花病例早了16年。一个人口众多、幅员辽阔、底子薄弱的国家，短时间内收获如此丰硕的"战果"，在世界范围内都是史无前例的创举。

20世纪六七十年代起，多达150万的"赤脚医生"，挽起裤腿下地是农民，背起药箱走村串户是村医。"一根银针、一把草药"就是当年"赤脚医生"手中的两件法宝。

经过70年的持续努力，中国医疗卫生服务体系的规模、质量、效率和能力发生了翻天覆地的变化。孕产妇死亡率由1500/10万下降到18.3/10万，婴儿死亡率由200‰下降到6.1‰，优于中高收入国家平均水平，中国成为"医疗服务可及性和质量指数"排名进步幅度最大的国家之一，为迈向新征程打下了扎实的健康根基。

如果说电影《我不是药神》让观众深切体味到新药研发滞后、依赖进口所导致的悲哀和无奈，俞德超博士发明并促成3个国家一类新药成功上市的故事，则向世人展示了中国自主创新、研发新药所带来的欢欣与鼓舞。

看似不起眼的一个小药丸、平凡的小管注射液，背后都是创新智慧和奋斗心血的结晶。

诺贝尔奖获得者屠呦呦发明青蒿素药品的艰苦历程告诉人们，新药研发何其不易。国内外实践表明，一个创新生物药从最初的发明设计到完成三期临床、最终上市，一般需要约10年时间，投入在10亿美元左右。

　　由于各种因素的制约，长期以来，中国一直以生产仿制药为主，疗效好、副作用小的新药，绝大部分依赖进口。

　　中国，何时能迎来从仿制药大国向创新药大国转变，开创人类利用病毒治疗肿瘤的历史拐点？

　　发明全球首个溶瘤免疫治疗类抗肿瘤新药"安柯瑞"；发明"康柏西普"，结束了中国上千万黄斑变性致盲患者无药可治的历史，让他们有了重见光明的希望；签下"中国生物制药国际合作第一单"，用自主研发的单克隆抗体与世界制药巨头美国礼来达成超 15 亿美元的战略合作；首个治疗经典型霍奇金淋巴瘤的具有国际品质的中国 PD-1 单抗药物——信迪利单抗注射液批准上市……

　　国家特聘专家俞德超，中国创新药领域崭露头角的领军型人才，他的名字不仅与国际生物制药领域诸多"首创"联系在一起，更让世界在创新药前沿看到了"中国制造"，听到了"中国声音"。

　　从一个"浙江天台山里走出来的放牛娃"成长为专业领域的国际级专家，俞德超说："我的求学之路并不顺利，探索自己最想做什么，用了很长时间，但兴趣永远是最好的导师。"

　　俞德超是一个地地道道的山里孩子，8 岁开始放牛砍柴，放牛时他就养成了"爱动手"的习惯。考上大学后，实验课让俞德超尤为着迷。从本科到硕士、博士，辗转多个专业后他终于发现，"细胞结构""分子生物学"才是自己的兴趣所在。

　　1989 年，俞德超成功考取了中国科学院，攻读分子遗传学博士学位，毕业后赴美国加州大学博士后工作站从事药物化学专业研究。当时正是美国生物制药产业蓬勃发展的时期，这让俞德超第一时间接触到世界生物制药最前沿的研发工作，也让他深切地体会到研发一种大分子抗体类生物药的难度。

　　生物药研发有多难？俞德超说："化学药、生物药的开发过程都很复杂，但两者最大的差异表现在制造过程中。如果把化学药的制造看成是造一辆汽车的话，那生物药的制造就相当于造一架波音 777 飞机。找一个生物药单克隆抗体，工作人员要在 10 亿，甚至 100 亿的抗体库里通过特定的方法一步一步筛出来。"

凭借着自己的努力，俞德超在 1997 年加入美国的一家生物制药公司。短短两年，他就从一个普通研究员成长为公司负责研发的副总裁。

在美国生物制药领域奋力拼搏 10 余年，俞德超成为颇具影响力的专家，在海外看到祖国发展的日新月异，他的内心不能平静："在欧美国家几乎随处可见'中国制造'的产品，唯独难觅'中国制造'的药品！"尤其是听到家乡亲友因为某些疾病去世的消息时，俞德超"一流生物药中国造"的愿望越发强烈。

"不能做巨变的旁观者，要做巨变的参与者。"2006 年元旦，俞德超告别妻女独自一人回国，投身国内生物制药的发展大潮。

康柏西普是俞德超回国后发明并领导开发上市的第一个生物创新药，在我国生物制药领域留下重要一笔：它是我国第一个具有全球知识产权的单克隆抗体类药物，是我国近 10 年来批准上市的第一个大分子药物，被列为"十二五"国家"重大药物创制"专项的标志性成果。

当时，在中国进行生物药开发是一项极具挑战、创造性的工作，俞德超对此记忆犹新："当时的研发条件特别艰苦，连开展试验的动物模型都没有，眼球注射用药要求又非常严格，我们只能一步一步摸索着来。"

2013 年 12 月 4 日是俞德超终生难忘的日子：康柏西普历经近 8 年的研发与试验，终于获得了国家食品药品监督管理总局的批准，成功上市。

该药上市后不久就得到医生的认可和患者的青睐，目前国内市场占有率已超过 50%，并打破了国外专利药物在专利期内不降价的传统：2016 年 7 月，全球眼科药物领域引领者诺华公司在其药物还有 10 年专利期的情况下主动降价，其在中国市场的销售价格由原来的每支 9800 元下降到 7200 元。

在此期间，俞德超和他的海归创业团队在苏州工业园区创办了信达生物制药（苏州）有限公司。他凭借自己的数十项发明专利吸引了大量投资资金，也得到了当地政府的大力支持，企业的创新驶入了快车道。有西方媒体专门提到，信达的迅猛势头代表了中国生物制药产业的未来发展。

拥有 60 多项发明专利，其中 38 项是美国专利；在国内，他已研制并成功开发上市 3 个国家一类新药……俞德超的新药研发之旅仍在继续。

2018 年以来，我国共有 3 个 PD-1 抑制剂获批，其中就包括信迪利单抗等。这些 PD-1 抑制剂药物上市，推动国内进入了免疫治疗时代。这是中国公司自主研发的 PD-1 药物，给我国肿瘤病人带来了新的治疗选择。

2019 年年初，由中国医学科学院肿瘤医院副院长石远凯教授牵头开展的信达利二期临床研究论文，作为封面文章刊发在开年第一期《柳叶刀·血液病学》上，成为首个登上该期刊封面的中国科研成果。

俞德超深知，随着我国经济、科技实力的增长，我国新药研究和医药产业发展将实现新的历史转变。中国医药原始创新能力必须提速，医药生物产业发展必须依靠创新驱动，要让世界创新药唱响"中国声音"！

在国家的大力支持和政策激励下，经过科研人员十多年的不懈努力，当前中国已进入新药研发开花结果、创新实力显著增强的新阶段。

国产肿瘤免疫治疗药品的上市，预示着我国抗肿瘤药品研发向世界前沿靠拢，国内患者有了更多、更便利的用药选择。2018 年，国家药品监督管理局批准了 9 个自主创新的国产新药上市，涉及肺癌、乳腺癌、结直肠癌、黑色素瘤、淋巴瘤、艾滋病、乙肝、丙肝、病毒性肝炎等适应症。

越来越多的国产新药，出现在临床试验中，出现在患者的床前案头，这让 90 岁的肿瘤专家孙燕院士感慨万千：以前许多药都靠进口，我们医生仿佛成了帮助国外大公司卖药的"中间人"，总感觉很遗憾。国产新药的突破，圆了临床医生的梦，也圆了更多患者与普通人的健康梦。

值得一提的是，2018 年 8 月，由中国海洋大学、中科院上海药物研究所和上海绿谷制药有限公司联合研发的治疗阿尔茨海默病新药"甘露寡糖二酸（GV-971）"顺利完成临床三期试验。当年 10 月，中国科学家在第 11 届阿尔茨海默病临床试验会议上首次介绍国产新药"甘露寡糖二酸（GV-971）"，该药能够显著改善阿尔茨海默病患者的认知功能障碍，有望为全球阿尔茨海默病患者带来希望之光。

新药研发是造福全球的伟大事业。通过新药创制国家重大科技专项给予大力支持，在新药临床审评、上市审批和推广使用等关键环节锐意改革，国产新药不单是形成所谓的"你有我也有"，还可能在某些领域比国外做得更好。

目前，获得"重大新药创制"专项支持的企业有 170 个品种在美国注册上市，近百个新药正在开展国际多中心临床试验。

药品安全问题事关百姓的生命与健康，药品研发与创新也远非一日之功。同死神赛跑，与国际同行竞争，科研团队正在努力奔跑，让更多患者早日用上"中国造"的创新药。

第三章

生死竞速中国"芯"

历史不会重复，但会押着同样的韵脚。

20世纪50年代，美国国内盛行"麦卡锡主义"。

钱学森成为美国联邦调查局的审查对象，他的保密许可证被吊销，各种"罪名"接踵而至。一会儿说他"非法入境"，违反了移民法；一会儿又说他是"中共间谍"。一切指向，皆因在第二次世界大战时钱学森被允许参加美国国防研究，且在火箭导弹这些最前沿领域成就卓著。

移民局要驱逐他出境；国防部又反对他离开美国回到中国。美海军部副部长金贝尔甚至说："我宁肯枪毙他，也不许他回到共产党中国，他太有价值了，不管在任何地方，都抵得上3—5个海军陆战师的力量。"

监禁、审讯、软禁、监视……面对一个个极限施压问题，对于身处异国他乡、白色恐怖下的钱学森来说，压力之大是难以想象的。

1950年8月，美国海关和美国联邦调查局查扣了钱学森八大箱托运的行李。

1951年4月，根据美国司法部移民局的无理决定，钱学森开始了被监视、监听和跟踪的生活，常常受到各种无缘无故的干扰，且每月必须按时到移民局报到……

但是，钱学森并没有就此消沉，他相信自己总有一天会回到祖国，于是将他的研究方向转向不带机密的理论工作，即工程控制论和物理力学，并作出开创性的历史贡献。

历史是一面镜子。

今天，美国挥舞贸易大棒，对中国发动了一场极限施压的贸易战。

大洋彼岸，美国总统极其罕见地在公开的演讲中，针对 5G，针对华为，提出"这是场一定要赢的战役"。

任正非带领的华为，因为一纸禁令成为全球瞩目的焦点——拿中兴试刀 13 个月之后，美国政府不再遮掩，直接向华为刺出尖刀。

2019 年 5 月，美国总统签署行政命令宣布，因国家经济紧急状态，禁止企业使用被视为对国家安全造成风险的外国电信设备。

美国商务部随即发表声明称，将华为及其 70 个关联企业列入美方"实体清单"，禁止华为在未经美国政府批准的情况下从美国企业获得元器件和相关技术。

集国家之力阻击一个企业，发生在全球化、自由贸易的始作俑国。是美国变得"不自信"，还是芯片技术太重要？

其背后，是中国从 1G 的空白，到 2G 的跟随、3G 的追赶、4G 的同步，再到如今 5G 的领先，中国用了 40 年实现了通信技术的崛起。

面对重击，华为没有倒下。

那些杀不死它的，正在让它变得更强大。

第一节　芯片"遭遇战"

美国一再对中国知识产权保护领域横加指责，甚至提出其在美中贸易中有 3000 亿美元的知识产权被盗窃。当贸易战的"灰犀牛"再度横冲直撞时，美国政客不断为自己加征关税找幌子。

在全球通信界势如破竹的华为被美国视作国家安全的威胁，特朗普政府签署行政命令，要全力压制这颗"眼中钉"。

在霸凌政策的压力下，英特尔、高通、谷歌、微软、ARM 等不得不选择对华为暂时停供，Wi-Fi 联盟、SD 协会、USB-IF 等国际标准组织一度将华为"除名"……

这不只是芯片、华为的危机，它像一面镜子，折射出整个中国创新产业的发展与困境。

1. 美国发起"精准打击"

2019 年 5 月，美国商务部以国家安全为由，将华为及其附属公司列入出口管制"实体名单"。

美方抛出"技术有害论"，频频炮制"威胁论"，将技术问题政治化、国内问题国际化，遏制他国发展的意图昭然若揭。

具有讽刺意味的是，在美国对华为正式发起打击之前的一个月，《时代》杂志发布了"2019 年度全球百位最具影响力人物榜单"。在业界泰斗类别中，华为公司创始人任正非赫然在列。

提名辞这样写道："当任正非在 1987 年投资 5600 美元创建华为时，他并不是一位计算机奇才。然而，他的管理帮助华为成为了全球最大电信设备公司，去年营收达到 1070 亿美元，客户遍及 170 个国家和地区。除了尖端智能机，华为还是 5G 领域的先锋，这项革命性技术将推动第四次工业革命中无人车和智慧工厂的发展。"

然而，华为和任正非似乎并不想领情。他们含蓄地放了一张图片：一架四处漏风的飞机，背负了一顶高帽，并标注了一句话来比喻自己的处境，"我们还在痛苦中，不知道能不能活下来"。

任正非在内部大会上不无忧虑地说："我担心西方一些国家现在在一些小事上，开始选边站，会不会退回到冷战时期的阵营对立，还充满了不确定性。网络安全只是技术演进潮流中的一个局部问题，千万不要成了冷战的工具。"

山雨欲来。

这不是华为第一次受到美国的"打击"。自华为在通信领域崭露头角以来，美国的"审核"从未停止。与这种"审核"同步，华为在全球的进展突飞猛进。

在通信设备行业，从 2013 年开始，华为就稳坐全球电信设备行业第一的位置。智能手机终端里，华为手机和三星、苹果三强争霸。在最受瞩目的 5G 领域，华为从标准、芯片、基站设备、网络部署到终端，都位于第一梯队。截至 2019 年 4 月，全球 5G 标准必要专利总量 6 万多件，华为以 15% 的占比名列第一。

美国政府对华为的攻击，绝非心血来潮。

2012 年，美国国会跨党派委员会就曾提交过一份报告，该报告指出：华为和中兴是对美国的威胁，不应当批准他们收购美国的企业，美方也不应当采购他们的通信设备。

此后，美国国会研究服务中心和总统科技顾问委员会先后在 2016 年、2017 年分别发布了《美国半导体制造：行业趋势、国际竞争与联邦政策》和《持续巩固美国半导体产业领导地位》两份指引性报告，明确提出要继续限制美方认为与国防有关的半导体技术出口到中国，直到中国有一天确保这些技术是"安全的"。

报告还强调，为将这些"反击"的影响扩大到最大，需要政府、产业界和学术界通力合作。

半导体产业为何会成为美国如此"严密保护"的一项产业？专家分析，其中的一个关键，是美国政府视 5G 和 AI 为半导体产业的核心领域，并希望保持领导地位。

过去 70 年来，美国因其在电子和半导体领域的领先地位，享受到了经济、政治和国家安全上的优势。如今，在摩尔定律走向终结，电子领域亟须转变突破的关键点，在人工智能和量子等新兴技术及产业涌现的当下，美国正在积极计划开创下一个十年乃至百年的领先。

到 2017 年年底，美国总统特朗普发布了他上台后的首份《国家安全战略报告》，将中国定位为美国"战略上的竞争对手"。报告还强调，美国的经济安全是国家安全的重要组成部分，美国将与各国"打造公平、互惠的经济关系，并利用其能源优势来确保国际市场的开放"。

时任美国总统国家安全事务助理麦克马斯特公开表示，新版美国国家安全战略是对此前几十年美国外交政策的"重大反思"，将为美国恢复战略信心奠定基础。

2018 年 3 月 22 日，"鹰派"代表人物、美国贸易代表罗伯特·莱特希泽在参议院作证时称，中国要运用科技、投入几千亿元以实现自主研制和应用《中国制造 2025》计划发展的主要产业，到 2025 年基本上达到国际领先地位，这将对美国不利。

他表示，此次"301 调查"就是要干扰《中国制造 2025》中确定的、使中国成为制造业国际领跑者的努力。《中国制造 2025》的十大关键领域都将被列为关税"重点关照"的对象。

对此，一位国家战略咨询专家在《联合早报》上撰文指出，"301 调查"报告非常清楚地表明，美国要改变的是影响美国战略发展的制度性因素。如果说美国对华的前五次"301 调查"，还基本属于战术层面的修正与调整的话，特朗普政府的此轮大动作，则是事关全局的、战略性的、经过长期酝酿和深思熟虑的。

以半导体产业为代表的高科技领域，是美国最看重的领地，成为其"扭转贸易不公平"的一个主要施压手段。

对此，专家分析，美国政府对中兴、华为等中国企业相继发起"精准打击"，背后透露了美国对中国技术追赶的情绪恐慌和自身经济结构的隐忧。今日的"设限"，是一场关于明日发展潜力的博弈。

2. 华为自救

面对美国以国家力量发起的打击，华为并没有一击即倒，相反，华为展开了积极自救甚至反击。

率先"迎战"的是华为旗下的芯片主力"海思"。

美国发布禁令的第二天，海思总裁何庭波向员工发出一封内部信，他在信中回忆，为了应对可能发生的技术封锁，华为在多年前便做了应对极限生存的准备。

"数千海思儿女，走上了科技史上最为悲壮的长征，为公司的生存打造'备胎'。数千个日夜中，我们星夜兼程，艰苦前行。当我们逐步走出迷茫，看到希望，又难免一丝丝失落和不甘，担心许多芯片永远不会被启用，成为一直压在保密柜里面的'备胎'。"

如今，曾经假设的极限生存成了现实，海思所打造的"备胎"一夜之间全部转正，"多年心血和努力，挽狂澜于既倒，确保了公司大部分产品的战略安全、大部分产品的连续供应。"

海思的崛起，有迹可循。作为掌舵人的任正非，一直都心怀危机意识。

进入 21 世纪，华为的路走得并不顺利。国内的竞争对手依靠在小灵通业务上的投入，快速逼近华为，但任正非坚决避开这个他视为落后的领域，将巨额研发经费投入到当时还没有开始商用的 3G。这一决定，让华为在 2002 年迎来首次亏损。

未雨绸缪迎来转机，两年后，小灵通已成过眼云烟，3G 业务却奠定了华为的整体竞争力，让它迅速将国内的竞争对手甩在身后。博出生机的华为，开始腾出手来发展新业务。2004 年，华为将成立于 1991 年的华为集成电路设计中心独立为全资子公司，取名海思，专注于芯片业务。

此时，知名的芯片企业联发科推出了一套“拎包入住”式的手机芯片解决方案，任何厂商只要装上屏幕和电池，就可以生产手机。巨大的利益面前，深圳华强北的各类作坊都开始生产起了山寨机。华为却选择了自主研发的艰难道路。

这是一个不为大多数人理解的举动。芯片研发之路道阻且长，高投入还伴随着高风险。放着“快钱”不挣，为啥给自己找罪受？

任正非考虑的是如何让华为更长久地活下去。2004 年，华为成立全资子公司海思半导体。

这一命名与芯片的原材料硅（Silicon）有关。海思的英文名字 HiSilicon 取自 Huawei Silicon 的缩写。但中文名却让大家犯了难，考虑到唯有“思想”深邃才能走得更远，加上“思”与“Silicon”发音近似，“海思”由此得名。①

在任正非眼里，海思是华为的附属品，跟着华为的队伍前进，“就像一个坦克车、架桥车、担架队的地位”。

“板凳要坐十年冷”。海思成立之初，每年投入 4 亿美元进行芯片研发，直到 2009 年才生产出供低端智能手机的第一款芯片。但由于性能不稳定，这是一款华为自己的手机都不愿意用的芯片。

“做得慢没关系，做得不好也没关系，只要有时间，总有出头的一天”，海思和华为并没有泄气，而是咬着牙继续往前走。

2014 年，海思推出了自研八核处理器麒麟 925，性能逼近了老牌芯片企业高通的产品。大屏、稳定、长续航，搭载这款芯片的华为首款高端机型 Mate 7 成了国货之光，深受用户喜爱。麒麟芯片和华为手机终于实现了平衡，而不再是一个“拖油瓶”。

---

① 戴辉：《华为海思的麒麟手机芯片是如何崛起的？》，《电子工程世界》2018 年 11 月 4 日。

如今，海思的增长速度惊人。数据显示，2019 年第一季度，海思的营收已超 17 亿美元，在全球半导体供应商中排名第十四。而在国内半导体设计企业收入的排行中，海思以绝对优势排名第一。其业务覆盖了多媒体终端芯片、安防领域的视频监控芯片、移动终端的 SoC 芯片和基带芯片、物联网芯片、云端的服务器芯片和 AI 芯片等多个领域。

根据华为公布的数据，在 2008—2017 年间，华为的研发投入高达 4000 亿元，其中芯片研发占 40%。千亿级的投入，华为在半导体领域终于有了自己的一席之地。麒麟芯片已经登上行业的顶端，实现了全球最领先的 7 纳米制程，海思的布局也已延伸到 5G、人工智能等尖端领域。

华为未雨绸缪的工作一直在进行。

"如果他们突然断了我们的粮食，安卓系统不给我用了，芯片也不给我用了，我们是不是就傻了？"早在 7 年前，任正非便已"预演"过今日的局面。在他的力主下，华为 2012 年成立了专门负责创新基础研究的"诺亚方舟实验室"。

2018 年的"中兴事件"更是给华为敲响警钟，华为开始屯粮迎战。在关键元器件上，对外，华为进行了提前备货，将库存周期从半年拉长到两年；对内，加大对海思的投入，在手机领域已经达到 70% 的芯片自给率。此外，华为还对部分供应商提出了本土布局的要求。

在芯片上，集成电路的精细度，是一个重要的行业指标。目前，半导体芯片主流制程工艺为 14 纳米和 10 纳米。在同样的材料中集成更多的电子元器件，连接线越细，精细度就越高，芯片的功耗也就越小。

除制程工艺限制外，由于 7 纳米芯片制造的难度巨大，几乎逼近了硅基芯片的物理极限，需要的研发时间和资金投入都非常高。

乘胜追击的海思，在 2018 年 8 月率先发布了新一代 AI 芯片麒麟 980，采用最先进的 7 纳米工艺制程和双核"NPU"设计，由台积电代工，尺寸小到仅比指甲盖稍大一点，在其上集成了 69 亿个晶体管，还可与华为的巴龙 5G01 基带芯片匹配，为 5G 通信做好准备。

2019 年春节，华为开始与时间赛跑，很多员工连春节都没有回家，打地铺加班。中国消费者在网络上为华为的 5G 突破骄傲时，华为内部也正被巨大的危机感所激励，正在为随时可能出现的"精准打击"抢筑碉堡。

这才有了海思芯片"扬眉吐气"的那一幕。

除了芯片以外，面对打击，华为还果断推出了雪藏已久的自研操作系统"鸿蒙"。这套系统将打通手机、电脑、平板、电视、汽车和智能穿戴等设备，将其统一成一个操作系统，兼容全部安卓和网络应用。鸿蒙的到来，意味着未来在手机操作系统领域，中国品牌拥有了"独立"的底气。

为了赶上 5G 的高速列车，华为投入 5700 多位从事研发的专家工程师，在全球建立了 11 个 5G 研创中心，如今每当 5G 新版本出来，华为都能在 1 个月内完成迭代。

任正非曾说过一句话：沙漠里不能种郁金香，但是改造完的沙漠土壤，是可以种植的。

追溯华为的发展史，有人说它最开始就是个倒买倒卖交换机的"二道贩子"，老板任正非别说懂芯片了，就连通信技术基因也没多少。可就是这样的一个看似贫瘠的技术沙漠，用二十几年的光阴，浇灌出中国最大的芯片设计花海。

早在 20 世纪 90 年代初，华为刚刚开始研发自己的芯片，面临没有技术基础的瓶颈。怎么办？狂揽人才。除了发动亲友举荐，任正非还派出华为员工去目标机构蹲点，就连自己去参加展览，也经常会带回几个"临场面试"的人才。

可以说，华为对核心技术的重视，早已深入骨髓。要提升自身的竞争力必须自主研发。

从来就没有什么救世主，也不靠神仙皇帝。实现振兴，要靠自己。没有这些前瞻性的布局，没有将这些关键的核心技术攥在手心，人们很难想象，当美国亮出"禁供"的技术霸权撒手锏，华为有这"备胎转正"的底气。

这也是中国半导体产业长征的缩影，紫光、中芯国际等国产半导体企业们在努力突破西方世界的桎梏，千千万万个芯片研发人员前仆后继地冲锋陷阵于一线，书写出新的芯片故事。

鲜花和礼敬不只属于功成名就者，更属于这场艰苦长征中每一个鞠躬尽瘁的人。

3. 芯片隐忧

芯片无处不在，但在 2018 年 4 月，美国商务部宣布对中兴通讯的制裁令之前，鲜有外人关注这个庞大却"隐秘"的产业。

在美国禁止向中国的中兴通讯销售零部件、商品、软件和技术之后，哪怕工作和芯片不相关的人们，也开始慢慢了解和关注祖国的芯片事业。

我们享受着互联网时代各种高科技带来的便捷，却不曾想这背后离不开一枚枚小小的芯片。

一枚小小的芯片为何有如此大的威力？中国的芯片产业因何而落后？未来可有什么破局之道？

"没有芯片，字节不会跳动，网络不会链接，雷达通信都变成眼瞎耳聋，机械化装备失控后也将变得腿脚不灵。信息化战争实际上就是芯片战争。"知名军事专家张召忠曾在互联网上发问：既然芯片这么重要，为什么不早早布局、自行研发生产？

"每当我们想创新的时候，美国人总是告诉我们，我这里芯片大大地有，你们还费那个劲干什么？现在全球经济一体化，都在强调全球产业链分工合作，中国没必要研发芯片。"张召忠自己这样作答。

的确，在通信等高科技、高端制造产业领域，已经充分形成了全球化的产业结构和供应链体系，特别能体现经济学家常说的"比较优势"。以智能手机为例，芯片企业专注于芯片研发，手机企业致力于整体集成创新，一部手机需要嵌入数十种芯片，供应商不仅来自美国，也来自全球其他地区。

强如美国，也有大量电子元器件依靠进口。即使是全球公认最强的手机厂商苹果，假如遭到全面封杀，和中兴、华为面临的危机也没有两样。

但中国与美国不同，中国企业与美国企业不同。美国进口电子元器件的来源地：日本也好、欧洲也好、韩国也好，都是美国的"小伙伴"，可能会吵吵架，甚至吵得面红耳赤，但绝没有胆子敢对"老大哥"翻脸"卡脖子"。若真动手，也都不是美国的对手。

放眼全球，中国是为数极少的在芯片全产业链上布局并形成竞争力的国家。数据显示，2017年我国自主研发芯片在全球占比大约为7.78%，这当然与中国的使用量不相称，但如果放在全球排名，也就仅次于美国、韩国、日本，与德国不相上下。

不过面对美国的压倒性优势，中国"芯"的质量与数量都显得微不足道。到2017年，中国已经连续数年占据了世界最大集成电路市场的"宝座"，但这个全球最大的集成电路市场，主要的产品却严重依赖进口。

海关统计数据显示，中国2017年进口3770亿块芯片，进口额合计达到2601亿美元。同年，中国原油进口额合计1623亿美元。中国进口芯片所花的代价，已经连续数年远超过进口石油所花的代价，超过铁矿石、钢、铜和粮食四大战略物资之和。计算机处理器、汽车内联式芯片等高端产品更是极度依赖进口，严重"卡脖子"。

既然芯片这么重要，为什么中国企业界不早早布局、自行研发生产？总结我国芯片产业多年追赶的经验，主要表现在三大困难。

首先是投资大、周期长、风险高。

芯片产业是典型的"大投入，大收益；中投入，没收益；小投入，大亏损"，不达到一定规模和体量，很难有明显效果。但很少有企业愿意去做几年冷板凳搞核心技术研发，大多想去金融、互联网领域挣快钱。

国家集成电路产业投资基金至2017年6月规模达到1387亿元，对我国芯片产业起到巨大推动作用，但按照英特尔、三星、台积电的支出标准，该基金仅能支持两个大型芯片公司。从企业研发投入来看，我国最大的芯片设计企业海思半导体2016年研发经费不超过10亿美元，最大的芯片制造企业中芯国际2016年研发经费为3.18亿美元，与国际巨头相差甚远。

其次是"生态链"：国产芯片造得出来，用不起来。

"中兴事件"发生后，不少人问，大力投钱能发展好芯片产业吗？

芯片有非常明显的"生态链"特点。不可能等到国产芯片和外国芯片一样好的时候再用，不会有这样的机会。核心技术是用出来的，只有在用的过程中才能不断提升，坚持住、迈过一个门槛后就会实现良性循环。

英特尔、高通等少数企业早期建立了技术架构和标准，形成"树根"，在它们上面长出微软、苹果、谷歌等"树干"，再继续长出各种硬件软件"树枝"。国产芯片一次次攀爬高峰，被国际巨头的"生态链"一次次击败。早年的"方舟"，后来的"龙芯"，都无法衔接这一生态链，只因需要自主研发另一整套独立体系。"龙芯"首席科学家胡伟武为此感叹：对芯片来说，产业链的重要性一点也不亚于技术先进性，"最先进的技术可能会被市场干掉，但最实用的技术会留下来"。

在建立"生态链"的过程中，芯片持续高速地试错、更新、升级，也是一个客观规律。以华为的手机芯片为例，目前市场份额仅次于苹果、高通，排名世界第三。其最早研制的芯片饱受诟病，不被市场认可，但华为通过自身构建的下游产业链持续提供试错机会，几年后让手机芯片迭代至世界先进水平。

但在服务器等更高端设备市场，国产芯片难有这样的平台。部分国企采购时，往往是英特尔等国际巨头一枝独秀。国产自主芯片如果长期被国际巨头压制，市场劣势将"连累"技术升级，导致自主研发后继乏力。

再次，人才储备不足。

发展芯片产业，最重要的是人才和企业，简单的固定资产堆砌并不能真正推动产业发展。但我国 IT 领域人才培养不平衡，大多数人才都集中在技术应用层面，研究算法、芯片等底层系统的人才少。用业内一位专家的话来说："全国 2600 多个计算机专业，本质上都在教学生如何用计算机，而不是怎么造计算机，就如同汽车专业只培养驾驶员一样。"

之所以国内 IT 领域人才培养中存在"头重脚轻"的问题，一方面是因为芯片等底层技术有较高门槛，只有顶尖院校才培养得出来；另一方面，也因为国内人才培养体制机制仍存在一些问题。目前，国内高校和科研机构对计算机人才的考核大多以发表论文为主要评价标准，而芯片研究领域发论文较难，因此入选"国家杰出青年基金"等培养计划的机会也更少。

此外，国内芯片研发人员的收入相对其他 IT 产业并不算高，配套行业的材料、机械等从业人员的收入就更低。在 IBM、英特尔等国际公司，不仅有各个层次的领军人物，几十年专门从事某项工艺开发的工程师也有很多，形成深厚的技术积累。而国内专门从事某一项工艺 10 年以上的工程师非常少见。在房地产等行业快速造富神话和房价带来高昂生活成本的今天，大量优秀人才被挤出芯片等核心技术领域。

中国半导体行业协会数据显示，2017 年中国大陆共有集成电路芯片设计企业约 1380 家，普遍规模较小、研发实力较弱。在全球排名前二十的半导体厂商中，没有中国企业的身影。

如果华为没有应对之策，那么此时已经是危急存亡之秋。多年来未雨绸缪的战略眼光，为华为提供了与美国政府叫板的底气。

引用任正非在"2012 实验室"的讲话："哪怕（芯片）暂时没有用，也还是要继续做下去。一旦公司出现战略性的漏洞，我们不是几百亿美金的损失，而是几千亿美金的损失。我们公司积累了这么多的财富，这些财富可能就是因为那一个点，让别人卡住，最后死掉。"

高通断供，华为有自己的麒麟和巴龙；英特尔断供，华为有自己的 CPU 鲲鹏；ARM 断供，华为已经购买了 ARM v8 的永久使用权并掌握 ARM 架构的设计和修改。

长远的路依然艰险，至少暂时性的困难足以应对。

海思也还有很多没能攻克的短板，自研 GPU 还未赶上国际一流水准，在射频领域与国外顶尖企业暂时难较高下。

芯片设计必备的 EDA 工具、模拟芯片皇冠上的明珠射频芯片都长期被欧美厂商"卡脖子"。

晶圆代工的形势更为严峻。最先进的制程工艺掌握在台积电和三星手里，内地最大的晶圆代工厂中芯国际的 14 纳米芯片量产仍在酝酿。中芯国际要想突破更小的制程，就需要买更精细的"刻刀"——光刻机。全球最先进的光刻机均由荷兰 ASML 打造，而中芯国际去年花 1 亿美元从 ASML 买来的中国唯一一台 EUV 光刻机，迟迟未闻进入国内的消息。更危险的是，ASML 造光刻机的光源、激光发生器等核心部件，掌握在美国公司手中。

这些短板有预备的解法吗？或许有，或许没有。但抵御一切风霜的盔甲——人才，一直都在。

中国要等待的是下一个拥有极强战略眼光的企业，更多愿意投入芯片事业的人才。

第二节　指甲盖大小的芯片为什么难

芯片，或者称作集成电路，其 50 年发展史是一部技术和市场牵引的历史。从一开始紧跟世界先进，到一步步落后于国际潮流；从"砸锅卖铁"也要把芯片搞上去，到奋力追赶却频遭封堵，中国经历了太多"芯酸"往事。

钱学森说：20 世纪 60 年代，我们全力投入"两弹一星"，我们得到很多；70 年代，我们没有搞半导体，我们为此失去很多。

中国"芯"生死竞速，离不开时代的大背景，也折射出历史内在的辩证规律。就好比一场长跑，一个瘦弱的选手可以凭借冲劲和意志在赛程的前半段紧追不舍，但要赢下比赛，不仅要熬过苦难，他还需要更强大的实力。

1. 中国"芯"的开拓者

低调的他，从没有被人们遗忘。

杨振宁说："中国搞半导体的，都是他的徒子徒孙！"

周培源说："如果拿 60 年代初期的水平比，中国的半导体事业并不比日本落后，这其中他功不可没。"

1974年，黄昆、邓稼先、黄宛、周光召、杨振宁（从左至右）游览北京颐和园时合影（资料照片）

与当代物理学大师玻恩合作著书《晶格动力学理论》，随即成为半导体领域的奠基之作，被牛津大学出版社列入"牛津经典物理著作丛书"。

这位有着中国半导体"开山鼻祖"之称的科学家就是黄昆。

祖籍浙江，成长于北平，黄昆天资聪慧。1941年，黄昆从燕京大学毕业，随即到西南联大攻读物理系研究生。当时他与杨振宁、张守廉同住一间宿舍，都才二十出头，总喜欢纵论风云，被称为物理系"三剑客"。有一次，为弄明白量子力学中"测量"的含义，他们从白天一直讨论到晚上，上床后又爬起来，点亮蜡烛，翻看权威资料寻找答案。对于问题的每一个环节，黄昆总是反复推敲。

多年后，杨振宁对黄昆的较真仍然念念不忘，他说一生中最重要的时期，不是在美国作研究，而是和黄昆同住一舍的时光。

从西南联大毕业后，被"庚子赔款"留英公费生录取的黄昆，在英国大学中如鱼得水。与那个时代的多数中国知识分子一样，"两耳不闻窗外事"从来不是黄昆的人生准则。他给正在美国芝加哥大学求学的杨振宁写信，除了谈论学术研究心得之外，说得最多的是人生抱负与抉择。

他曾在一封信中写道："当我有时告诉人我一两年后回国，他们常有疑讶的表现，似乎奇怪为什么我不想在这 orderly（秩序井然）、secure（安全）的地方住下来而要跳入火坑。虽然我难以想象我们一介儒生能影响多少国运……但我们如果在国外拖延目的只在逃避，就似乎有违良心。我们衷心还是觉得，中国有我们和没我们，makes a difference（有些区别）。"①

1951 年，黄昆践行自己的人生允诺，回到北京大学任物理系教授。当时新中国百废待兴，急需培养大批物理学人才，作为一名在世界学术界冉冉升起的新星，黄昆中断已从事多年的研究项目，开始了自己长达 26 年的教坛生涯。

他很快就在北大出了名——学生们知道教物理的是刚刚从英国回来、颇有建树的教授，都以为是一位老先生，不想走进教室的是个 30 岁出头的翩翩男子，一开口又是地道漂亮的北京话，这些都让听课的学生们大为开心。再加上黄昆本身功底深厚、讲课用心，因此深受学生欢迎。

1956 年，在周恩来总理亲自领导下，我国制订了科技发展远景规划，半导体技术被列为当时四大科研重点之一。中央有关部门决定，由黄昆等知名学者在人才培养和开拓性研究方面进行突击。

他们培养的学生中，包括后来成为北京大学微电子所所长的王阳元院士、华晶电子集团总工程师许居衍院士、电子工业部总工程师俞忠钰等人，将在 20 世纪七八十年代接棒中国"芯"的主攻手位置。

如黄昆一样，20 世纪 50 年代前后，一批中国的年轻人在英美接受着顶尖训练，他们中的许多人在学成之后返回中国，让新诞生的半导体科学在中国也早早地落地生根。这是一连串熠熠闪光的名字——

王守武，1949 年获美国普渡大学博士学位，1950 年回国，先后任中国

---

① 杨振宁：《1947 年 4 月黄昆给我的一封信（代序）》，黄昆：《黄昆文集》，北京大学出版社 2004 年版，第 1—7 页。

科学院应用物理所半导体研究室主任、我国第一家半导体器件厂——中科院109厂厂长、国务院电子振兴领导小组集成电路顾问组组长等职。

谢希德，1952年绕道英国回到上海的麻省理工学院博士。这位中国半导体物理学科和表面物理学科的开创者和奠基人，后来成为复旦大学的校长。

汤定元，1950年获美国芝加哥大学硕士学位，1951年回国，中国半导体学科和红外学科创始人之一。

洪朝生，1948年获美国麻省理工学院博士学位，1952年回国，中国低温物理与低温技术研究的开创者之一。

吴锡九，1955年获美国麻省理工学院硕士学位，1956年追随钱学森一同回国，中国第一代晶体管、晶体管计算机和微型计算机的奠基人。

林兰英，1955年获美国宾夕法尼亚大学博士学位，1957年回国，先后负责研制成我国第一根硅单晶、第一根无错位硅单晶、第一台高压单晶炉，为我国微电子和光电子学的发展奠定了基础。

…………

依靠计划经济条件下的军事工业和科研体系，结合满怀报国之情的"海归"人才，中国在世界半导体行业发展的早期阶段一度紧追世界半导体研究的前沿，保障了"两弹一星"等一批重大国防项目的计算技术配套，也为中国建立起一套横跨院所、高校的半导体人才培养体系。

相比而言，这一时期的日本通过引进美国技术和承接产能，初步建立起了半导体工业体系。韩国的三星还在筹划加工基地的建设，刚准备从事电子设备组装。这两个后来的"芯片大国"，此时与中国几乎在一条起跑线上。

2."砸锅卖铁"也要把芯片搞上去

当"中兴事件"发生后，中国的互联网上出现了一种声音，认为中国芯片"梦幻开局"，起步不算晚，假如一直埋头搞建设，是否能发展出不逊于美、日、韩的技术能力和产业水平？

新中国成立时，全中国只有几个比较像样的有线电和无线电工厂，日式机床不到 1000 台，生产能力和技术水平几乎为零。

1951 年 10 月底，中苏第二届商务谈判在莫斯科举行。中方代表团成员向当时与中国关系密切的苏方探寻援建电子管、无线电元件和交换机生产厂的可行性。

结果，援建电子管厂和交换机厂的动议顺利通过，但电子元件厂却被苏方拒绝，理由说来倒也简单："援助电子管厂是可以的。至于无线电元件，连我们的工厂都是民主德国帮着建起来的，你们去请他们帮忙吧。"

1952 年，民主德国方面尽最大的努力，给中国提供了种类和规格繁多的产品，最终确定引进 18 家单位的 80 多项产品，初步核算需要 1.4 亿元。

随后，中方在北京酒仙桥筹建北京电子管厂（即现在的北京京东方公司），由民主德国提供技术援助。该厂总投资 1 亿元，年产 1220 万只，是亚洲最大的电子管厂。除此之外，酒仙桥还建起了规模庞大的北京电机总厂、华北无线电器材联合厂、北京有线电厂及华北光电技术研究所等单位。

响应"向科学进军"的号召，中国的知识分子、技术人员克服外界封锁的困难，在海外回国的一批半导体学者的带领下，开始建立起自己的半导体产业。

1947 年，美国贝尔实验室发明了半导体点接触式晶体管，从而开创了人类的硅文明时代。在地球的另一边，1959 年，在林兰英的带领下，我国冲破西方禁运，仅比美国晚一年拉出了硅单晶。

同年，李志坚在清华大学拉出了高纯度多晶硅。1960 年，中国科学院半导体所和河北半导体研究所正式成立，我国的半导体工业体系初步建成。1965 年，我国第一块集成电路诞生。

1966 年，十年动乱开始，但我国的半导体工业建设并未止步。1972 年，美国总统尼克松访华后，中国开始从欧美引进技术。这一年，我国自主研制的 PMOS 大规模集成电路在永川半导体研究所诞生，实现了从中小集成电路发展到大规模集成电路的跨越。

从小规模集成电路起步，经过中规模集成电路，发展到大规模集成电路，就在美国的芯片技术飞速发展之时，中国的追赶开始乏力。

在20世纪六七十年代，以中国的精英科学家和军事化研发体制，足以保证"两弹一星"这样的国家级工程顺利完成，但要让芯片产业实现超微细加工技术的不断升级，应对瞬息万变的市场变化，以及达到每年上亿甚至数十亿的产量，遇到了越来越多的障碍。

从国际上看，由于集成电路是先进技术，而且与国防军事密切相关，输出管制统筹委员会（通常被称为巴黎统筹委员会）对中国长年实行禁运，无论制造设备还是工艺技术，在一个很关键的时期内断绝了中国交流引进的路径。

从国内来看，20世纪60年代后期，处于"文化大革命"时期的中国一度采用群众运动的方式全民大搞半导体。当时，报纸上长篇累牍地宣传：街道老太太在弄堂里拉一台扩散炉也能做出半导体。这种违背基本规律的鼓吹，严重冲击了正规工厂的半导体生产研发流程。[①]

技术进步是颠覆式的，每落下一步，就很快会被甩开一大截。尽管中国在这些年里仍咬着牙取得了一批可歌可泣的科技突破，但在芯片领域，无论技术还是产量，此时都已远远落后于世界先进水平。不仅世界第一的美国将中国抛在了身后，连昔日落后的日本、韩国也正在迅速赶超。

如果说中国的芯片产业在前30年里做到了独立自主，但严重缺乏产业化和持续更新造血的能力，那么在接下来的30年里，中国又进入以市场化和运动式集中攻关并行、换取技术进步和产业跨越的阶段。

1980年，坐落在太湖边上的江南无线电器材厂迎来了一批西装革履、行事有板有眼的日本工程师。国门初开，这批日本人惹来厂里不少好奇又略

---

① 朱贻玮编著：《集成电路产业50年回眸》，电子工业出版社2016年版，第52—53页。

带狐疑的眼光。很快，厂里贴出告示，宣布从日本东芝公司引进彩色和黑白电视机集成电路 5 微米全套生产线。

与东芝公司的这次合作，是我国第一次从国外引进集成电路技术，短短几年间，厂里的芯片产量达到 3000 万块，一度蜚声国内的名牌电视机——熊猫、金星、凯歌、孔雀——心脏部位统统装有这家工厂的产品，甚至有人统计，从这条生产线上出来的芯片用在了国产 40% 的电视机、音响、电源上。江南无线电器材厂也一跃成为当时我国产能最大、工序最齐全、首家具有现代工业大生产特点的集成电路生产厂。

江南无线电器材厂的技术引进是成功的，但总体来看，在 20 世纪 80 年代初期，中国的芯片行业出现了重复引进和过于分散的问题。一份当时递交给中央的报告称，全国有 33 个单位不同程度地引进了各种集成电路生产线设备，累计投资 13 亿元左右，最后建成投入使用的只有少数几条线，多数引进线没能发挥出应有的作用。

回过头看，出现这种情况有着特殊的时代背景：国家缩减了对电子工业的直接投入，希望广大电子厂能够到市场上自己寻找出路。为了在短期内获得效益，大量工厂出国购买技术和生产线，自主研发的电子工业思路逐渐被购买引进所替代。这也是中兴创始人侯为贵在 1980 年被派往美国考察生产线，1985 年又到深圳创办中兴半导体的原因。

市场化（或者用当时的话来说，借助经济责任制），能否帮助解决中国芯片技术落后的问题，大家心里都没有底。1981 年 10 月，国务院下发的《关于实行工业生产经济责任制若干问题的意见》这样强调："要摸着石头过河，水深水浅还不很清楚，要走一步看一步，两只脚搞得平衡一些，走错了收回来重走，不要摔到水里去。"在改革开放仍处于起步阶段的中国，"探索"是出现在经济生活各个领域的一个高频词。

1982 年 10 月，国务院为了加强全国计算机和大规模集成电路的领导，成立了以时任副总理万里为组长的电子计算机和大规模集成电路领导小组，制订中国芯片发展规划。

经过几年的观察和酝酿之后，改革开放以来发展中国"芯"的第一个重大战略正式提出。1986 年，电子工业部在厦门召开集成电路发展战略研讨会，提出"七五"（1986—1990 年）期间我国集成电路技术的"531"发展战略，即普及推广以江南无线电器材厂为基点的 5 微米技术，同时开发 3 微米技术，攻关 1 微米技术。按照既定战略，国家将集中资金建设两三个大厂骨干、扶持一批十个左右中型企业、允许存在一批各有特色的一二十个小厂。

但客观来说，与当时国际先进技术和巨大的市场缺口相比，我国芯片无论工艺还是产品，仍存在相当大的差距。一份当年的研究报告列举了其中几个原因。

——各种整机引进是"万国牌"的，整机厂要的品种，电路厂做不出来；电路厂生产的，整机厂又不要，电路厂没有做到市场导向。

——在引进工作中，大量引进硬件——设备和仪器，而不注重引进软件——技术和管理，是引进未能发挥应有作用的教训。

——科研与生产结合不紧密，厂、所内部运行机制不顺畅……

经费也是一个重要原因。计划中要建立的南北三个微电子基地，投资预计无锡 6 亿元、上海 5 亿元、北京 4 亿元。由于资金没有着落，北方基地规划组工作一年多，写成报告汇报后就宣告解散。

在多种原因作用下，原本提倡的"引进、消化、吸收、创新"八字方针没有得到全面贯彻，导致一而再、再而三地引进。即便是先行者江南无线电器材厂，此后相继从东芝和西门子引进 2—3 微米数字电路全线设备和技术，后来又从美国朗讯公司引进 0.9 微米数字电路设备和技术。

"531"发展战略的目标得以实现，但却是以全部从国外引进技术的方式实现。

到 1988 年，我国的集成电路年产量终于达到 1 亿块。按照当时的通用标准，一个国家集成电路年产量达到 1 亿块标志着开始进入工业化大生产。美国在 1966 年率先达到，日本随后在 1968 年达到。中国从 1965 年造出自己的第一块集成电路以来，经过漫长的 23 年，才达到了这一标准线。

中国芯片产业发展绝非一朝一夕之功。所有的付出和挫折，经过历史的沉淀，最终都将化为后来者的指向标。

1995 年 12 月 11 日，时任电子工业部部长胡启立正在湖北武汉，准备第二天前往三峡工程考察。当晚，他突然接到国务院办公厅的电话，通知隔天在北京出席总理办公会议。

13 日上午，会议准时召开，首先传达了中央主要领导同志的指示。中央领导同志此前在韩国参观了三星集成电路生产线，发出"触目惊心"的四字感慨，并为中国芯片产业的落后深感忧虑。"就是'砸锅卖铁'也要把半导体产业搞上去！"领导同志说。

当时的情况确实触目惊心。从产业规模看，1994 年我国大陆集成电路的产量和销售额分别只占世界市场份额的 0.3% 和 0.2%，在大陆市场占有率不足 15%，只相当于我国台湾地区台积电公司一家的 1/3。从技术水平上看，当时大陆的生产水平仍然停留在 4—5 英寸晶圆、2—3 微米工艺技术档次，在技术上落后于美国、日本等国 15 年左右，相差 3 个发展阶段。

政府主管部门判断，芯片产业发展滞后已严重影响信息产业的进一步发展。在各类电子产品中，集成电路 85% 以上依赖进口，使得当时中国的电子产品虽有自己品牌，但只能用外国芯片。

比如，1990 年我国已经成为世界电视机生产大国，每年可以生产上亿台电视机，但电视机所用的关键芯片大多依靠进口。专用芯片中的专利技术转让费，是导致我国许多电子产品产量虽大，利润却很微薄的主要原因。

电子工业部在 20 世纪 90 年代中期递交的报告中这样写道：我国没有多少能和外国公司平起平坐的进行交换、合作的关键性技术专利。这种状况如不改变，我国的电子工业有永远沦为"电子组装加工"的危险……如果能够抓住机遇，我国集成电路产业将可跃上一个新台阶，从而获得追赶世界发展步伐的机会。

在这次会议上，确定了中国电子工业有史以来投资规模最大、技术最先进的一个国家项目——"909"工程。会议同时决定，要求各部委缩短项目审批时间，简化审批程序，彻底改变以往审批过程大于产品生命周期的做法。

胡启立后来在书里记录了自己走出会议室那一刻的想法："自古华山一条路，'909'只许成功，不许失败，唯有如此，才能为我国半导体产业闯出一条生路。如果'909'工程再翻车，就会把这条路堵死，可以肯定若干年内国家很难再向半导体产业投资。电子工业部也无法向国务院和全国人民交代！"

紧接着，他又写道："这些判断都没错，但现在想来，那时我对即将遇到的风浪和危难的估计都是远远不足的。"①

吸取了之前工程与市场脱节的教训，"909"工程开始了新的政策探索：以市场为导向，以不断升级的产品线为基础。不过，正如胡启立的回忆，"风浪和危难"远超过想象：

工程开工建设了，恰逢全球半导体市场低迷，其他国家的半导体工厂纷纷缓建或者停工；

要自力更生，却发现已经开工建设的超净厂房没有预见到未来的发展，比需要的面积小了一半；

还没有来得及为投产庆祝，就遭遇世界范围的半导体存储器市场价格一落千丈，刚刚上路的生产线必须转型为代工……

有着国家作为后盾的"909"工程，此时面临一个关键问题：如何找准芯片产业的突破口。芯片发展到 20 世纪 90 年代，技术已经过多次迭代，大的市场早被几家国际巨头瓜分完毕，这些巨头企业不仅技术成熟稳定，而且依靠极大的产量将成本摊至很低。是进入大市场"硬碰硬"，还是切入小市场的"空白点"？如何应对瞬息万变的市场需求和价格变化？对"909"工程的实操者都提出巨大挑战。

---

① 胡启立：《"芯"路历程》，电子工业出版社 2006 年版，第 6—16 页。

后来有人打了个比方，贴切地形容了这种市场决策的难度——芯片产业犹如一列高速行驶的火车，如何在火车急驰中一跃而起攀入车厢，时间、角度、速度都至关重要。

不论如何，到 2005 年 6 月，当初立项的所有目标完成。

胡启立后来总结了三点经验：第一，"真正的核心技术很难通过市场交换得来，引进不是目的，目的是发展自己，为我所用，最终实现自主创新，走自己的路，企业必须从引进之日就要消化吸收的具体措施和今后创新的长期战略规划，并积极努力加以实施"。

第二，始终坚持以市场为导向。"如果与市场不合拍，即使技术水平再高，也得不到市场的回报，就会被淘汰出局。"

第三，牢牢抓住人才这个高科技企业发展的核心，优秀人才是创新的主力和中坚。

中国"芯"的漫漫征程还未停歇。新世纪，征途迎来新的曙光。

如果说"909"工程的投入，对 20 世纪的中国"芯"来说是一笔史无前例的巨额投资，那么新世纪的中国"芯"得到的重视有过之而无不及。

"十五"计划（2001—2005 年）初期，"863"信息技术领域专家组经过深入调研，设立了超大规模集成电路设计专项。专项先后确立了"国产高性能 SoC 芯片""面向网络计算机的北大众志 863CPU 系统芯片及整机系统""龙芯 2 号增强型处理器芯片设计"等课题，支持上海高性能集成电路设计中心、北大众志、中科院计算技术研究所等单位研发国产 CPU。

上海高性能集成电路设计中心后来做出了"申威"CPU 芯片，用在我国首台全自主可控的十亿亿次超级计算机"神威·太湖之光"上。后者曾蝉联世界超算冠军，还为中国赢得了全球高性能计算应用领域最高奖——戈登贝尔奖。

北大众志 1999 年就研制出中国第一个完全自主研发的 CPU 架构，《人民日报》在这年年末最后一天刊文，称这一成果是"献给新千年的礼物"。

龙芯的芯片后来在北斗卫星等国防军工领域得到广泛应用，成为芯片民族品牌的代表。

2006年,"核高基"重大专项正式上马。"核高基"是"核心电子器件、高端通用芯片及基础软件产品"的简称。当年,国务院颁布了《国家中长期科学和技术发展规划纲要(2006—2020年)》,将"核高基"列为16个科技重大专项之首,与载人航天、探月工程等并列。

"核高基"的一个重要特征就是"企业牵头主导"。而如何在高度市场化的条件下发挥"举国体制"的优势,成为"核高基"要解决的难题。

2017年科技部会同工信部发布的"核高基"国家科技重大专项成果显示,经过近10年的专项实施一批集成电路制造关键装备实现从无到有的突破,先后有30多种高端装备和上百种关键材料产品研发成功并进入海内外市场,填补了产业链空白。

专项技术总师、清华大学教授魏少军对外表示:"我们在核心电子器件关键技术方面取得重大突破,技术水平全面提升,与国外差距由专项启动前的15年以上缩短到5年,一批重大产品使我国核心电子器件长期依赖进口的'卡脖子'问题得到缓解。"

第三节　寻找中国的"英特尔"

一切过往,皆为序章。

一系列的芯片"卡脖子"事件,把耄耋之年的中国"芯"先驱者倪光南院士带回公众视野,许多人请他发表对关键核心技术的看法。2018年6月,在一个题为"是什么卡了我们的脖子·亟待攻克的核心技术"的论坛上,倪光南上台做了主旨演讲。

他甚至比台下的观众更加乐观一些。"一概而论地说中国造不出芯片是不准确的,不同领域情况不一样。"倪光南说,"超级计算机领域我们的芯片不比别人差;桌面产品的芯片确实还比发达国家差,差距不是那么大,有三五年;手机上的芯片也跟国外大致相当,但有些芯片确实跟国外差距很大。通信领域中兴用的很多芯片我们没有，没有是因为过去没重视"。

1."方舟"落败：造 CPU 有多难

21 世纪的开端对于中国人来说，充满美好回忆。北京申奥成功，男足破天荒打进世界杯，以及经过多次波折后中国终于加入世界贸易组织（WTO），13 亿多人无不为之振奋。

中国"芯"也迎来新的篇章。"方舟""龙芯"相继问世，拉开了中国对计算机 CPU 芯片的自主研发序幕。不过，这条路道阻且长，远超出先行者们满腔热血的预想。

故事要从中国工程院院士倪光南离开联想说起。1995 年 6 月 30 日上午，联想集团总部六层会议室，200 多名公司中层以上干部正襟危坐，气氛紧张。在这次会议上，联想董事会宣布解除倪光南的总工程师和董事职务，联想的两位核心人物——柳传志和倪光南，正式宣告决裂。

我们无意再去细究当年的是非，但 1995 年的这个决定，既是联想日后发展的一个转折点，也让中国"芯"道路面临一个岔路口。

在中国科学院计算技术研究所，倪光南曾是"明星科学家"。他参与研制了我国第一台大型计算机，并首创在汉字输入中应用联想功能。倪光南力主研发核心技术，希望以此抢占科技与市场的制高点。他提出"对标"英特尔，从设计入手做芯片。1994 年，倪光南与复旦大学、长江计算机公司达成合资建立集成电路设计中心的意向，中国科学院和电子工业部甚至承诺由联想牵头，组织有实力的计算机企业一起参与，制订一个国家投资计划。

但在最后一刻，此前一直和倪光南步调一致的柳传志说了"不"——芯片项目投入和风险巨大，非联想当时的实力可支撑。

如果说做科研最看重的是长板，可以不惜代价追求一个点上的突破，那么做企业就要不断地补短板，衡量标准是市场和企业自身的承载能力。

倪光南和柳传志互相不能说服对方，事情不可收拾，终于以倪光南离开联想而告一段落。1996 年，柳传志将联想的发展战略从"技工贸"调整为

"贸工技"（贸易、工厂、技术）。

离开联想后，倪光南仍念念不忘国产芯片和操作系统。1999 年，方舟科技找上门来向他求助。这家公司以做摩托罗拉、日立的芯片外包业务起家，此时外包业务陷入困顿，但公司培养了一支能够做计算机芯片的技术队伍，这让倪光南眼睛一亮。

一位曾追随倪光南的业界人士日后对此唏嘘不已：很多人不明白，为什么倪光南固执地坚持中国非要自己做这些东西，因为他们不如倪光南能够深刻体会中国 IT 产业任人宰割的滋味。

倪光南将重启"中国芯"的希望寄托在方舟科技身上，为其奔走呼号，并设计了一条发展路线：用自主芯片＋Linux 操作系统，替代英特尔＋微软的 Wintel 架构，这样可以"抄近道"跳出西方巨头限定的框架，真正打下自己的"地基"。

2001 年 4 月，"方舟 1 号"问世，尽管技术上还不成熟，但备受各方瞩目。国务院分管副总理多次听取工作汇报。"方舟 1 号"的技术鉴定委员会由中国工程院出面，前任院长宋健、前任副院长朱高峰亲自担任鉴定委员会正、副主任。

信息产业部等四部委为"方舟 1 号"联合召开了盛大的发布会。当年的媒体报道引用有关专家评价指出，"方舟 1 号"的诞生是我国微电子与计算机领域的重大突破，它将结束中国信息产业无"芯"的历史。

各方对"方舟"的支持一度也源源不断。为了配合内嵌方舟芯片的 NC（互联网计算机）推广，北京市政府直接定购了几万台。时任的分管副市长甚至专门把各个行业的负责人召集起来，"逼着"他们支持推广 NC。

形势看似大好，危机却暗流涌动，最终导致"方舟"的断崖式惨败。由于市面上的主流软件都依托 Wintel 生态系统，根本就不支持内嵌方舟芯片的 NC，导致用户叫苦不迭。最常见的一个投诉案例是，在用了方舟芯片的国产计算机上，打不开别人发送过来的 Office 文档。此外，浏览器、播放器……13 大类 50 多个问题，多如牛毛的软件移植、适配、二次开发，都需要方舟这一家科技公司一项一项去解决。

搭载国产芯片的计算机用起来极不方便，用户怨声载道，要求换回 Wintel。北京市一家政府机构甚至请了高校专家专门做出 NC 不能用的鉴定，作为反对采购的依据。

时隔多年，倪光南当时的助手梁宁复盘了"方舟"的兵败如山倒，提到关键一点，就是完全没有做到尊重用户体验，甚至没有意识到这个问题的重要性。"如果简单来说，就是我们搞定了总理，没有搞定用户体验。"梁宁在一篇回忆文章中写道。

2003 年年底，NC 开始从政府采购中淡出，方舟芯片销售也大幅下滑。方舟公司当时的实际控制人不顾"863"计划对方舟的支持与协议，宣布放弃方舟芯片的后续研发。倪光南为此深感自责，外界广泛传言，2006 年他为当时请求国家支持方舟 CPU 研发专门到科技部负荆请罪。

"中兴事件"后，对中国"芯"往事的回顾汹涌如潮，将 79 岁的倪光南重新带回人们的视野。有媒体请他回应当年的方舟事件，倪光南说：企业失败不等于技术失败。方舟没了，这当然是失败，但是对于所有参与方舟的人来说，是发展过程的一个阶梯，团队和技术通过这个过程成长了。

的确，在方舟的残骸上，依然开出了鲜艳的花朵。比如刘强 1997 年中科院计算技术研究所博士毕业后加入方舟，成为主管研发的副总裁，2005 年他离开方舟成立了君正。后者坚持走研发路线，于 2010 年上市，生产的芯片用于 360 摄像机、小米手表等多款产品上。

"软件 1.0 往往不太好，就不去做了吗？这是一个过程，我们能够做的是在一定条件下尽可能去争取。"倪光南说，"没有 1.0 哪有 2.0 呢？"

2. "龙芯"活了下来

"龙芯"负责人胡伟武对中国"芯"从 1.0 到 2.0 的升级路径也深有感触。本质上来讲，这是芯片产业生态系统的内在规律在发生作用，而中国"芯"的先行者在一次次失败中不断深化自己对规律的认识。

胡伟武一些言论，在互联网上曾经引起波澜。比如他说："我们 CPU 也是可以做世界第一的……凡是当年技术上超过英特尔的 CPU 企业全死光了。"如果结合上下文的语境，其实他的本意是：技术很重要，但对市场的理解和适应同样重要，后者是中国芯片研发者更加缺少的禀赋。

与"方舟 1 号"前后脚，龙芯项目在中科院计算技术研究所启动。2002年 8 月 10 日清晨 6 时 08 分，胡伟武永远都会记得那个时刻，"login（登录）"的字样如约而至出现在装载了"龙芯 1 号"CPU 的计算机屏幕上。胡伟武抱着键盘，迫不及待地登录进去，自己编写了一段话："龙芯 1 号"结束了中国的无"芯"史。

多年以后，美国著名 IT 杂志《连线》这样写道：试想，一个国家需要完全依靠从另一个与之有着冲突或经济往来不稳定的国家进口某种珍贵商品，而且，如果没有这种商品，整个社会将被迫停顿。如果你明白这个情形，那么现在请把这个国家想象成中国，与之有着冲突的国家想象成美国，而该商品就是 CPU。

这篇新闻报道几乎准确地预言了 8 年后中美之间的僵局。作者继续写道：

中国不愿在其军事设施上装载西方的芯片，如果你觉得这听起来有点被害妄想症的话，那就想想美国军方吧，他们甚至连本国设计、境外生产的芯片都不放心……据此，中国政府出资支持这个雄心勃勃的"国家芯片"计划，也是可以理解的。

《连线》杂志所说的"雄心勃勃"的计划，指的就是"龙芯"。不过，没有外界想象的国家大规模投入，自 2001 年以来，龙芯项目组共从国家"863"计划"核高基"专项中累计获得项目经费 5 亿元人民币。龙芯中科公司成立后，获得北京市政府 2 亿元人民币的股权投资，而 2010 年龙芯市场化运营以后，就几乎没有再向国家要过项目资助。

刚成立的龙芯研究组甚至显得很寒酸，"七八号人，两三条枪"，只有一间 50—60 平方米的实验室，人员也是东拼西凑——有刚走出校门的青年学子，也有已经年近70岁、曾在20世纪70年代参与国产芯片研发的老研究员。

当时的中科院计算技术研究所所长李国杰院士给了胡伟武的课题组100万元，做出一个原型系统后，再以这个成果找中科院汇报，要了500万元，加上计算所匹配500万元，总共1000万元。这就是龙芯的启动资金。

一个小小的疏忽，就可能会让研发经费更加捉襟见肘，胡伟武深知自己不能有半点闪失。为此，用人力的无偿投入弥补经费不足，用延长工作时间缩短研发周期，成为龙芯的固定策略。每周6天上班，每天工作十几个小时，成为课题组多年的常态。

"连续两三个月甚至半年的加班加点是可以忍受的，但连续几年高强度的加班，尤其是从事的工作又有很大风险和不确定性，真的很难。"胡伟武有时觉得自己比地主"周扒皮"还狠。好几次，他在清晨六点多打开实验室的门，发现课题组的成员手里握着鼠标靠在椅子上睡着了，这样的场景让他忍不住想落泪，但他的下一个举动是，把大家叫醒接着工作。

高强度的人力投入，换来龙芯核心技术的迅速突破。但龙芯很快遇到了与方舟一样的最大挑战。这既不是技术基础薄弱，也不是研发经费不足，而是市场"生态"的认可。

生态系统的重要性不言而喻。在传统的个人计算机领域，英特尔和微软正是靠着与软件、硬件厂商组成的生态系统，主导了PC行业30多年的发展。而在一些移动领域，也是生态系统成就了苹果公司和谷歌。

原科技部部长徐冠华曾一针见血地指出："中国信息产业缺芯少魂。"其中的芯是指芯片，魂则是指操作系统。"芯"和"魂"相互依附，换"芯"也必须换"魂"，连带着，还要更换大量的操作软件。这种打破固有生态系统的举措，能多大程度得到用户的接受？

2013年，在"龙芯1号"问世的11年后，龙芯公司结合市场需求对CPU的研发路线进行了调整：不追求"大而全"的复杂度，而更重视结合用户需求定义芯片，同时，结合特定应用如宇航、石油、流量表等研制专用芯片。

由于专用芯片产业链短，容易形成技术优势并快速形成销售，面向宇航应用的芯片为龙芯公司带来持续稳定的销售收入。从 2014 年下半年开始，龙芯研发和市场结合的作用开始显现，销售收入逐年增长，龙芯公司逐渐摆脱国家项目的支持，能够主要通过市场销售养活团队和产品研发。

产业化的体验，让胡伟武深感做 CPU 并不仅仅是完成一件产品，而是在构建一个软硬件生态体系。中国 IT 产业受制于人的局面，光靠其中一两项核心技术或一两个产品的突破是不管用的，非得建立自己主导的产业体系不可。

所谓建立自主可控的产业体系，说得通俗一点，就是要自己当"老大"，而不是给别人当"马仔"。只有建立自主可控的软硬件技术体系，才能基于该技术体系进行持续改进，形成螺旋上升，否则，在别人的技术体系中跟着升级，永远没有超越的机会。

"任何一个技术或产品都不是目的，主导产业体系才是目的。"投身"龙芯"17 年后，胡伟武感慨：我国应充分发挥市场和体制的优势，抓住当前 IT 产业多极化发展的机遇，争取在 IT 产业的多极世界中形成既开放又竞争的一极。

3.超级计算机用上了中国芯

将中国第一台高性能计算机取名"曙光"，实在是太贴切了。

1993 年，在著名的高科技赶超计划——"863"计划指导下，"曙光一号"计算机诞生。它诞生的第 3 天，美国宣布对中国解除 10 亿次以下计算机的禁运。我国著名科学家、"863"计划的提议人王大珩院士对此激动不已："曙光一号"的诞生其后续创造出的价值和当时历史阶段的作用，不亚于"两弹一星"。

"我记得在一次'863 青年会'上，有人称其为新世纪的曙光。于是，我们就把这个项目命名为曙光一号。"当年研制团队的负责人李国杰回忆道。李国杰后来历任中科院计算技术研究所所长、中国计算机学会理事长。

20 世纪 80 年代末 90 年代初，我国高性能计算机严重落后于世界先进水平，由美英日等发达国家组成的巴黎统筹委员会又向中国实施禁运，自主研发迫在眉睫。

1987 年从美国普渡大学取得博士学位、又在伊利诺伊大学做了两年博士后的李国杰学成回国。1990 年，他受命担任刚刚成立的国家智能计算机研究中心主任。当时，我国自主研发的最高性能计算机每秒运算速度为 1000 万次，远远落后于美国。

1992 年，"863" 计划投入 200 万元研制 "曙光一号"，李国杰负责选定方向和组建团队。当时，国内有一些人主张向日本学习，研制当时所谓的 "五代机"。但李国杰根据自己的调研和判断，认为那条路走不通。后来的事实证明他是对的，日本的 "五代机" 中途黯然下马。

建团队也是件难事。"当时的条件很差，几乎找不到做过高性能计算机的人。" 李国杰后来回忆道。但最大的困难还是研发生态环境和产业链条件跟不上，有时只是因为缺一个很小的零件或者一个软件，导致整体研发停顿半个月甚至几个月。

研发团队决定选派 6 名科技人员组成一支 "小分队" 开赴美国硅谷。出发前，他们专门开了一个誓师大会。"人生能有几回搏" ——誓师大会上喊出的口号，多年后李国杰还把它印成大字，贴在中科院计算技术研究所的进门处。

美国的这段经历，后来被戏称为 "洋插队"。条件比想象中艰苦多了，6 个人租了美国当地一所普通民房，客厅就是工作间，摆满了机器，卧室都没有床，就在地上放一个床垫。反正每天工作都在十五六个小时以上，下了机器倒头就睡，谁也不讲究。

"早上醒来就觉得很兴奋，晚上睡觉时又觉得压力很大。" 李国杰后来回忆。玩命的工作，加上美国硅谷良好的研发环境，"曙光一号" 的研发进程大大加快。"你要一个怎样的零件或者一个什么样的软件，马上就可以给你送来，而且刚开始还可以不给钱，用了好用再付钱。" 李国杰说。

一年后，"曙光一号"问世，性能超出我国前几年从国外进口的同类产品五倍，运算速度达每秒 6.4 亿次，体积却只有它们的 1/5。全部投入经费仅有 200 万元人民币，这在今天几乎不可想象。

1993 年 10 月，"曙光一号"通过国家技术鉴定。在第二年的八届全国人大二次会议上，时任国务院总理李鹏宣布，"曙光一号"智能计算机等一批科研成果达到世界先进水平。

研发成功之后，"曙光一号"开始了它更重要的使命——实现产业化。和其他科研成果有所不同，"曙光一号"自研制之初，就拒绝做"盆景式"的科研成果，而是把产品化、产业化和走向市场作为最终目标。李国杰不要求曙光的研发人员在 SCI（世界著名引文数据库）杂志上发论文，他要的是在市场上有一席之地。

原国家科委高新司司长冀复生回忆，"863"计划本身就是要为国家的高技术产业打下技术基础，这个技术基础不是说说而已，而是要到市场上去体现。

让科学家去做生意谈何容易。1995 年，曙光公司成立，"曙光一号"开始产业化。最初的路走得并不平坦，第一代曙光高性能计算机只卖出 3 台。什么原因呢？"曙光一号"的价格虽然不到国外产品的三分之一，但在当时我国的产业环境里，大多数人都不知道高性能计算机有什么用、怎么用。

尽管起步艰难，但技术不断进步和产业环境快速成熟，曙光的发展也越来越好。到 2012 年，曙光已经连续 4 年蝉联中国高性能计算机市场份额第一名，并首次成为全球高性能计算机营业收入 TOP10 中的唯一一家中国企业。从神舟飞船的发射基地到非洲、南美的石油勘探公司，从涉及国家长治久安的信息安全部门到全国最大的证券交易所，都能看到曙光高性能服务器的身影。

回过头看，曙光的自主创新走的是一条"有所为有所不为"、从集成创新到核心技术创新的务实道路。曙光创业初期，一方面自己的力量弱；另一方面曙光品牌尚未得到用户认可，如果一台服务器从芯片、主板、互联网络到操作系统与应用软件都自己做，用户很难接受。

曙光公司从集成创新做起，节点部件和操作系统采用市场主流产品，自己主要做把若干节点集成起来的机群操作系统以及提高整机可靠性与可维护性的增值部件。几年后，曙光公司开始自己设计开发主板，然后采用国产的 CPU 芯片。一开始是"龙芯 2 号"，后来是"曙光 5000"和"曙光 6000"。

2016 年，英特尔的老对手、美国芯片公司 AMD 公布了一则重大消息，他们与中国海光公司达成了授权协议，双方成立合资公司向中国市场提供服务器处理器。外界分析认为，AMD 把最新的 Zen 架构授权给了中国厂商，而海光公司的母公司正是曙光公司，这是曙光公司引进、吸收、消化、创新的重要步骤，将向着芯片自主研发迈出关键一步。

市场不同情眼泪。中国"芯"的漫漫征程还未停歇，新征途将迎来新的曙光。

"大国重器需要掌握在自己手里""在别人的墙基上砌房子，再大再漂亮也经不起风雨"……一路跋山涉水，一路风雨兼程。我们一直努力，从未放弃；我们一直奔跑，从未止步。

第四章

生命蓝图的追寻

生命从何而来？自从有了文明，这就是一个令无数人着迷的永恒命题。

20 世纪 50 年代，继相对论、量子力学之后，又一个划时代的科学成就诞生了：DNA 双螺旋结构的发现，让生命研究可以深入到分子层面。从此，人类对生命奥秘的探索跨进一个新时代。

我是谁？我从哪里来？我将到哪儿去？这一终极哲学命题，在生物技术突飞猛进的今天，逐渐有了科学意义的解答。

在探索生命真谛的道路上，人们有时不由得惊叹，科学进步是怎样的一日千里，科学大师又是怎样的星光璀璨。

在这样一首世界科学大繁荣的交响乐中，我们渴望听到来自中国的声音。

人工合成牛胰岛素——这是 20 世纪 60 年代中国取得的重大科学突破，帮助人类在揭示生命本质的征途上，实现了一次里程碑式的飞跃。

从克隆鱼，到克隆熊猫，再到克隆猴——动物克隆在中国现代科技史上留下了一条大胆而又曲折的轨迹。

筚路蓝缕，薪火相传。

为了探索基因的奥秘，20 世纪 90 年代，人类基因组计划诞生，被誉为生命科学的"登月计划"，与全球著名的曼哈顿原子弹计划、阿波罗登月计划一起并称为 20 世纪人类三大科学计划。

2000 年，号称"生命天书"的人类基因组工作草图绘制完毕。中国成功承担 1% 的任务，成为参加这项研究计划的唯一的发展中国家。

十多年后，在另一项试图"书写"生命密码的重大工作中，中国承担了超过 50% 的工作，已经站到了探索的世界最前沿。

在这首探索生命奥秘的乐曲中，中国渐次奏出强音。

我们期待这样的旋律越来越响亮，越来越动听。

第一节　中国动物克隆史

用一把毫毛，变出千百个一模一样的猴子。四百多年前吴承恩天马行空写就《西游记》时，恐怕怎么也想不到，后世一种名为"克隆"的科学技术，能将他笔下的奇幻场景化为现实。

2017 年年底，苏州城外的居山岛上，寒意已浓。如果还有零星的游客途经中国科学院神经科学研究所设在此处的基地，或许会觉察到这里紧张又略带神秘的气氛。一尘不染的房间与精准调控的恒温箱，把寒冬牢牢地阻隔在外，任何人都须经过严格体检才能踏进实验室。所有这一切，只为确保两只"幼仔"的健康万无一失。

究竟是何方神圣？一个多月后，答案揭晓了。世界上首次成功克隆的两只猴子"中中"和"华华"登上国际权威学术期刊《细胞》封面。在这个实验室里，中国科学家成功突破了克隆灵长类动物的世界难题。

从世界上第一只克隆羊"多利"1996 年诞生以来，"克隆"这个概念一夜之间响彻全球。20 多年来，各国科学家利用体细胞先后克隆了鼠、牛、猫、狗等动物，但一直没能越过与人类最相近的灵长类动物的克隆门槛。科学界曾普遍认为现有技术无法克隆出灵长类动物，而后者对于脑科学研究与新药研制具有极其重大的价值。

在这场科学的长跑竞赛中，中国人暂时拔得头筹。赞誉声、质疑声，一时间纷至沓来。克隆猴怎么就在中国"横空出世"了呢？

事实上，如果回顾历史，我们会发现中国在克隆技术上起步并不晚。自 1952 年美国科学家第一次培养出克隆蛙后，中国科学家很早就在跟踪这一技术，将近 40 年前，中国甚至培育出了世界上第一条克隆鱼。此后，又有一群中国科学家雄心勃勃地制订了用克隆技术拯救国宝大熊猫的计划。

1. 被遗忘的克隆鱼

20 世纪 30 年代，一名个头瘦小的中国人坐了几天几夜的火车来到欧洲比利时，师从一位世界知名的教授学习生物学。中国学生平日毫不起眼，整天在实验室里摆弄仪器，直到有一次，教授要做一项高难度的实验——把青蛙卵外膜的一层薄膜剥掉，尝试了很久，研究团队里谁也没法完成，而这名中国学生到显微镜下用针轻轻一刺，卵膜一下就剥开了。事情很快传遍了整个欧洲生物学界，教授激动地对学生说："中国人真行！"

许多年后，这段故事被写入小学语文课本，激励了几代中国人"一定要争气"，也让童第周——这名中国学生的名字家喻户晓。

童第周后来成为中国实验胚胎学的主要创始人和中国海洋科学研究的奠基人。他还有另一个不为人熟悉的身份，那就是中国的"克隆先驱"。

什么是克隆？就在童第周求学欧洲之际，一位德国科学家首次提出"核移植"的设想：将一个细胞核移植到另一个去了核的卵细胞中，这个重组的细胞说不定还能正常发育。

十多年后，这一设想得到验证。1952 年，两个年轻的美国科学家从一只青蛙的胚胎中取出一个细胞核，顺利地将其注入到另一个去核的卵细胞中，卵细胞不仅存活了，而且成功孵化出蝌蚪和幼蛙。

克隆技术由此诞生。"克隆"一词音译自英文"clone"，原意是指以嫩枝插条的方式——比如扦插或嫁接——培育植物。由于不需要受精卵就可以"复制"出与原个体的基因完全相同的个体，克隆也可以意译为"无性繁殖"。

不过，这个时期的克隆技术才刚起步。成功移植的细胞核都来自胚胎细胞，这种细胞没有经过分化，本身就具有很大的"活力"，而被移植的卵细胞则来自同一种类。换句话说，即使不用克隆技术，许多胚胎细胞也可以正常发育。①

如果能够更进一步，从已经分化过的体细胞——比如毛发、皮屑、血液——提取细胞核，移植到另一种类个体的卵细胞中，并成功培育出新个体，克隆技术就会具有广泛的用途。大规模"复制"生物，甚至是已经灭绝的生物，都将成为平平无奇的事情。这正是科学家要一步一步攻克的难题。

在这期间，英国科学家接过了美国科学家的接力棒。经历了将近20年的努力，到20世纪70年代，牛津大学的科学家用非洲爪蟾做实验，从蝌蚪的皮肤细胞中提取出细胞核，其中一小部分核移植卵发育成了蝌蚪。这一实验证明，已经分化的体细胞也可以用于克隆，引起当时科学界的极大轰动。克隆技术成功地又向前推进了一步。

就在英国科学家潜心研究如何克隆两栖动物的同时，在中国，童第周也紧紧跟踪这一前沿技术。他把目光投向了鱼类。

童第周曾说：科学家一要有很广博的知识，二要有很奇特的想象力，没有创新不行。小时候的童第周就是这样，喜欢想象，喜欢刨根问底。上大学时，他一开始就读的是复旦大学哲学系，后来发现哲学不能满足他对生命奥秘的好奇，这才又转而学习生物学。

1961年，以金鱼和鳑鲏鱼为材料，童第周开始进行鱼类细胞核移植。经过两年的摸索，他和同事成功证明了胚胎细胞核移植也可以在鱼类中进行。1963年，童第周和严绍颐等合作，在《科学通报》上发表题为《鱼类细胞核的移植》的论文，首先向国内外报道了鱼类的核移植。

证明鱼类也可以做胚胎细胞克隆，只是童第周的第一步。事实上，无论选择两栖类还是鱼类，一个很重要的原因是，这两类动物的卵具有较大"块头"，也比较易得和存活。只是克隆了鱼类，还不具备重大的科学创新意义。

---

① 动物的细胞分为性细胞和体细胞。性细胞是指"直接参与有性生殖"的细胞，如精子和卵子，一个性细胞只携带一半的遗传信息，需要精子和卵子结合才能发育成新生命。体细胞是指分化成组织和器官的"定型"细胞，如皮肤细胞等，但每个体细胞都含有完整的遗传物质DNA。

完成第一步后，童第周开始用不同鱼类进行核移植研究。1973 年，他和同事把鲤鱼的细胞核移植到鲫鱼的卵细胞中，并成功地培育出第一批"鲤鲫移核鱼"。这成为一项创造性的成果。后来，一位中国画家还专门为这种鱼作了一幅画送给童第周，并把它称作"童鱼"。

为什么要做这样的异种鱼类克隆实验呢？这是因为，科学家当时还不清楚细胞核与细胞质究竟对遗传发育起到什么样的作用。作为"核心"的细胞核可以提供所有的遗传基因，但作为"载体"的卵细胞，其细胞质会对最后培育出的个体产生影响吗？要搞清楚这个问题，用不同鱼类做克隆研究是一个很好的办法。

1980 年，由童第周主持撰写的论文《鲤鱼细胞核和鲫鱼细胞质配合而成的核质杂种鱼》以中英文形式发表在《中国科学》上。这是世界上报道的第一例发育成熟的异种间的胚胎细胞克隆动物。

遗憾的是，童第周没能看见这项成果的最终公开发表。由于心脏病突发，他于 1979 年在北京离世。不过，他的学生们接过了他点燃的火炬，继续在克隆研究的道路上探索。

最重要的成果出现在 1981 年。这一次，中科院水生生物研究所的一个研究小组将成年三倍体鲫鱼（一种人工培育、具有生长优势但失去繁殖能力的鲫鱼）的肾脏细胞核移植到二倍体鲫鱼（天然鲫鱼）去核的卵子中，获得了三倍体的克隆鱼，并一直成活长大。

这是世界上第一次报道的体细胞克隆动物，证明了成年鱼的体细胞也可以去分化和再程序化，具有发育成个体的"全能性"。从体细胞克隆的理论和成功的可能性来看，中国克隆鱼的实验比"多利"羊早 15 年回答了这个问题。[①]

但是很可惜，由于各方面原因，科研人员没能及时重复这项实验。5 年

---

① 国家自然科学基金委员会原副主任朱作言院士所下结论。转引自王丹红：《中国克隆鱼，你为何如此沉默？》，《科学时报》2006 年 1 月 6 日。

后，研究论文才姗姗来迟，发表在《水生学报》上。在科技史上具有里程碑式意义的第一条克隆鱼，没有在社会上激起任何反响。这与克隆羊"多利"的待遇有着天壤之别。

克隆鱼的先驱们后来对此也不免遗憾。是什么原因让中国科学家的突破性工作被遗忘了？后来曾任中科院遗传与发育生物学研究所所长的严绍颐在《童第周》一书中这样写道："我们的有些论文是用中文发表的，所以国际同行们并不全面了解其系统性进展，而国内在相当一段时间内，对不是从国外引进的研究课题或成果重视不够，或者说不大注意中国自己的科学家的独创性工作，'外国的月亮比中国的圆'的思想根深蒂固，至今难以摆脱……"

历史的认可虽然滞后，但终究是公平的。2005 年，世界权威的科学数据提供商——汤姆森科学信息研究所完成了"世纪科学"项目，其收录的科学文献数据可以回溯到 1900 年，为此，汤姆森出版了《庆祝之年》专刊，将 20 世纪的突破性科学成就一一列举回顾。

中国克隆鱼与克隆蛙、"多利"羊一起，被列入克隆领域的重大突破。

2. 克隆大熊猫功败垂成

在克隆领域，甚至在现代科学史上，第一只克隆羊"多利"都堪称是最轰动的成果之一。

这只诞生在苏格兰的小羊，一夜之间登上全世界各大报纸的重要版面，成为有史以来最著名的绵羊。它的诞生，证明了哺乳动物也可以克隆并正常成活。从此，一股"克隆热潮"席卷全球，鼠、牛、狗等哺乳动物如雨后春笋般被克隆出来，"克隆人"也成为科幻电影的热门主题。

受到"多利"羊的鼓舞，中国一位科学家，也是童第周曾经的学生，决心用克隆技术来帮助拯救国宝大熊猫。

中国科学院动物研究所研究员陈大元早年师从童第周，深受后者在科学上大胆探索的影响。克隆羊还没诞生之前，陈大元已经着手进行动物体细胞克隆的研究，但这是一个充满荆棘的"无人区"，令许多人望而却步，陈大元有些孤掌难鸣。

"多利"羊的成功，给克隆研究打了一剂强心针，先前一些犹豫观望的人也觉得克隆"有戏"了。陈大元顺势提出克隆大熊猫的主张。

为什么选择大熊猫作为克隆对象？

作为中国的国宝级保护动物，大熊猫在全世界也享有盛名，在国内外有着成万上亿的"粉丝"。但大熊猫的繁殖能力差，幼仔成活率很低。陈大元认为，既然有性繁殖手段不能完全达到扩大熊猫种群的目的，采用克隆技术作为补充，也是保护大熊猫的一个好途径。

不过，要成功克隆大熊猫，必须迈过两道坎：一是细胞核移植；二是卵细胞移入子宫，让它发育直至变为幼仔降生。

哺乳动物之所以比鱼类或两栖类动物难克隆，不仅因为卵细胞更小、更不易操作，还因为哺乳动物需要一个"孕妇"，而不同"孕妇"的"娇贵"程度不同。熊猫"孕妇"是其中最"娇贵"的之一。

要知道，没那么"娇贵"的羊虽然当时已经克隆成功了，但这一成功的背后，有着为数众多的失败案例。英国科学家在实验中一共用了 277 枚卵细胞来接受细胞核移植，最终成功诞生了一只"多利"羊，成功率仅有0.36%。换句话说，克隆羊的首次诞生，其实带有一定的偶然性。

即便 20 多年后的今天，克隆技术不断成熟，成功率已经大大提高，大型哺乳动物从体细胞到克隆胚胎的成活率仍徘徊在 10% 左右，加上饲养过程中的死亡率，最终的克隆成功率也只有 5%—6%。

了解了这一背景，再回过头看大熊猫的克隆，我们就知道难度有多大了。当时，硕果仅存的大熊猫数量总共才 1000 只左右，每年能排出成熟卵子的雌性大熊猫只有大约 100 只，要获取多个成熟卵细胞进行克隆实验，几乎毫无可能——这些极其宝贵的卵细胞如果可以用来做实验，绝大多数还要留给技术更成熟、成功率更高的人工授精。

用大熊猫自己的卵细胞做克隆，此路显然不通。陈大元决定由兔子的卵细胞来做"替身",把大熊猫的体细胞核放到兔子的去核卵细胞中,看能否发育成胚胎。

第一批大熊猫的体细胞来自福建。一天,陈大元突然接到福州大熊猫研究中心的电话,电话里言简意赅:当地有一只大熊猫奄奄一息。放下电话,陈大元连夜坐飞机从北京飞到福州。等他赶到时,那只大熊猫刚刚死去几分钟。陈大元赶紧提取了大熊猫的体细胞,并将其细胞核移植到去核的兔子卵细胞中。

由于之前研究打下的坚实基础,这次实验非常顺利,兔子的卵细胞和熊猫的细胞核兼容了,发育成了多个相当优质的胚胎。

下一步就是将胚胎送入子宫。让很难怀孕的雌性大熊猫"舍弃"一次宝贵的怀孕机会来做实验,显然也不现实,陈大元这次选择用猫来做"代孕妈妈"。之所以这么选择,是因为猫的个头较小,容易控制,而且生殖规律与熊猫相近。

为了让"代孕"的母猫更好地接纳这个"外来户"胚胎,陈大元想了个"鱼目混珠"的办法:将"外来户"胚胎移植入猫子宫里的同时,把猫自己的受精胚胎也移植进去。

时间一天一天过去,大多数"代孕妈妈"都没有动静,但有两只母猫成功地怀孕了,这让科学家非常兴奋。可惜的是,好运没有持续太久,因为一场肺炎,两只"代孕"母猫倒下了。

经过解剖,陈大元和同事们发现,一只"代孕"母猫的子宫里已经有7个胚胎成功"着床",其中2个胚胎的遗传物质来自大熊猫。这意味着,克隆大熊猫的第二道坎也很有希望迈过去了。

成功如此之近,让科学家一度以为很快便可以收获胜利的果实。但随后的进展却让人沮丧。

从1998年成功培育出异种胚胎以后,在长达七年的时间里,陈大元的研究总是在最后一步卡壳。"代孕妈妈"与胚胎之间的发育程序无法协调一致,胚胎不能继续长大,母体怀的始终是死胎。研究人员也曾改用黑熊作为

"代孕妈妈"，但情况大同小异：虽然顺利怀孕了，也形成了胎儿，却总是没法"坚持"到发育成型的一刻。用陈大元自己的话来说，"就差最后半步"。

外界的批评接踵而至。克隆大熊猫的计划虽然有着一定的舆论支持，也顺利获得科技部和中科院的项目经费，但长期从事大熊猫保护的部分专家对此持反对意见。反对的声音认为，用克隆方式保护大熊猫是搞错了方向，大熊猫通过野外放养的自然交配和动物园里的人工授精，已经大大降低了灭绝风险，而且通过这两种方式，可以有效维持遗传多样性。相反，克隆不仅无法拯救作为一个种群的大熊猫，而且费时费力，白白消耗大量可以用于保护大熊猫的资源。[1]

研究上接连的碰壁和外界的质疑声，让陈大元感到孤独。他经常会回忆起老师童第周。许多年前，老师曾经向他说起一个"匪夷所思"的实验：把洋葱的细胞放到鱼卵子里去，看洋葱细胞核能否在里面发育。这样大胆的想法和默默坚守的科研道路，难道不是一样的吗？

2005 年，陈大元申请的项目课题到期，不再有新经费支持他的大熊猫克隆实验。他决定自掏腰包，把自己的积蓄拿出来"最后一搏"。如果"搏"成了，异种母体能够怀孕并生出克隆大熊猫，或许将成为地球生命史上的一个里程碑……

克隆大熊猫能成功吗？陈大元也说不准，科学的事情谁都没法打保票。但他就是不死心，想试试。在他看来，克隆大熊猫并不会替代人工繁殖，这只是保护濒危动物的方法之一，如果成功了，不仅可以帮助拯救许多濒危动物，更重要的是，这一异种克隆的技术，可以用于人类临床医学，为人体器官移植找到解决办法。如果将克隆技术与转基因技术结合，还可以用于全新的生物医药研发。

"如果最后做不成功会怎样？"很多人问陈大元这样一个问题。

"那起码能告诉后人，以后不要走弯路。如果问题出在科技水平上，就

---

[1] 肖欢欢：《克隆大熊猫上"瘾"的老人》，《广州日报》2016 年 3 月 9 日。

让后人再用高科技来解决。"陈大元说。

3.突破灵长类"屏障"

大熊猫克隆渐渐陷入困境，研究团队的成员纵然不舍，却也只好陆续"自谋出路"。其中，一位名叫孙强的青年科学家离开坚守了 10 年之久的四川，来到上海。不过，他不是因为艳羡大都市的繁华才舍弃大山里的熊猫基地，吸引他的，是中科院神经科学研究所提出的克隆猴计划。

中科院神经科学研究所主要从事神经科学基础研究，其脑科学研究尤为突出。所长是国际知名的生物学家蒲慕明，也是中国"脑计划"的牵头人之一。他判断，以非人灵长类动物为模型研究人类思考、语言等高等认知功能，是脑科学研究绕不过的关口。而要建立这样的模型，"一模一样"的克隆猴是不二之选。

2009 年，神经科学研究所组建了非人灵长类平台，把孙强"挖"来担任负责人。名义上，孙强到了繁华都市上海工作，实际上，为了研究便利，他的实验室设在苏州西郊的太湖一个僻静小岛上。

2012 年，克隆猴实验正式启动。当时，美、德、日、韩等国的科研机构已经用了十多年时间尝试克隆猴子，但都宣告失败。国际权威学术期刊《科学》2003 年曾发表美国匹兹堡大学医学院研究人员的一篇论文，论文称，用现有技术克隆灵长类动物"是行不通的"。

最接近成功的一次实验发生在 2010 年。美国俄勒冈灵长类研究中心的著名科学家米塔利波夫率领团队成功移植了克隆猴胚胎，但胚胎发育至 81 天，以流产告终。

克隆猴为什么费劲？主要是因为有三大难题。

难题之一，是细胞核不易识别，"去核"难度大。作为受体的卵细胞，必须先把细胞核"摘除"，才能容纳体细胞的细胞核这个"外来户"。但是，猴的卵细胞核"去核"难度非常大。

难题之二，是卵细胞容易提前激活。克隆过程中，体细胞的细胞核进入卵细胞时，需先"唤醒"卵细胞，然后才启动一系列发育"程序"。因此，"唤醒"的时机要求非常精准。但是，使用传统方式，猴的卵细胞很容易被提前"唤醒"，往往导致克隆"程序"无法正常启动。

难题之三，是体细胞克隆胚胎的发育效率低。被转移到卵细胞里的细胞核，突然要扮演受精卵的角色，"赶鸭子上架"很不适应，需要科学家采取多种手段"保驾护航"。如果"保驾"不力，绝大多数克隆胚胎都难以正常发育，往往胎死腹中。

事实上，与克隆羊相比，克隆猴的技术没有本质的不同，但中国科学家进行了全面优化，大量技术细节实现"更新"。如果打个比方来说，就好像大家都知道体操的基本动作，实际上场时，有人做不好，有人却能拿世界冠军。

孙强团队中，刘真是"去核"的主要操作者。借助显微设备，刘真用一双巧手反复练习，在最短时间内、用最小损耗完成"去核"工作，为后续的克隆工作奠定重要基础。

"这是许多专家认为不可能实现的重大技术突破。"国际细胞治疗学会主席约翰·拉斯科后来这样点评中国科学家的成果，"利用聪明的化学方法和操作技巧，攻克了多年来导致克隆猴失败的障碍。"

只完成第一步还不够，猴子对克隆胚胎的接纳、怀孕、顺利生产，环环相扣，一步失误就会满盘皆输。这就有了 2017 年年底居山岛上实验室里"如临大敌"的一幕。

经过 5 年不懈努力，孙强团队终于成功突破了克隆猴这个世界生物学前沿的难题。通过 DNA 指纹鉴定，"中中"和"华华"的核基因组信息与供体的体细胞完全一致，证明姐妹俩都是正宗的克隆猴。

从童第周 80 多年前在显微镜下用针轻轻剥开青蛙的卵膜开始，中国的动物克隆研究草蛇灰线，伏延千里，终于在 21 世纪的第二个 10 年里"横空出世"。

谁又能说，在两只萌萌的克隆猴身上，看不到童第周、严绍颐、陈大元等科学前辈的心血和厚望呢？

世界上首次成功克隆的两只猴子"中中"和"华华"（金立旺 摄）

克隆猴的诞生，意味着很多。它不只是克隆技术的一次突破，更不是现代科学的一次"炫技"，而是有着实实在在的重大价值——利用克隆技术，可以在短时间里，很快培育出大批遗传背景完全相同的猴子，既能满足脑疾病和脑高级认知功能研究的迫切需要，又可广泛应用于新药测试。

为了人类健康的改善和人类科学的进步，数百年来，难以计数的小动物"牺牲"在实验室里，为人类这个种群作出了巨大贡献。在许多实验中，如果实验对象的遗传背景不同，"实验组"和"对照组"的说服力就不够强。传统医药实验大量采用小鼠，很大程度上是因为鼠类可通过快速近亲繁殖，培育出大量非常相似的小鼠。但由于小鼠和人类相差太远，针对小鼠研发的药物在人体检测时大都无效或有副作用，这是目前绝大多数脑疾病研究无法取得突破的一个重要原因。

克隆猴将改变这一现状。由于猴子与人在基因方面非常相近，克隆猴又可以精准提供"实验组"和"对照组"，这将对开发治疗人类疾病的新疗法等起到巨大的促进作用。

事实上，在"中中"和"华华"诞生后的一年多时间里，中科院神经科学研究所很快培育出一批专门经过基因编辑的试验用猴。这些对于科研来说"事半功倍"的猴子，一方面将为人类脑疾病、免疫缺陷、肿瘤、代谢等疾病的机理研究、干预、诊治带来光明前景；另一方面也避免了它们更多的同类作出牺牲。

克隆猴的诞生，也带来了另一个大家关心的问题：克服了灵长类动物的克隆"屏障"之后，克隆技术将走向何方？或者更直白一些，克隆人离我们还有多远？

已经有大量的科幻作品描绘了这样一种前景：克隆技术如果未来继续发展完善，将可以让史前动物重生，让人类不断复制自我、实现长生不老的梦想。

在科学家看来，克隆技术远没有达到这么成熟的阶段。克隆的成功率一直偏低，效率瓶颈之所以不能突破，主要原因在于基因领域还有许多未解之谜等待人类探索。

而克隆人类，除了技术上的突破之外，伦理道德、社会舆论以及法律都禁止任何科学家向前踏出这一步。正如孙强所说，克隆猴的唯一目的是服务人类健康，科研人员不考虑对人类进行任何相关研究。

第二节　生命密码：从"读懂"到"编写"

早已灭绝的猛犸象能复活吗？

利用"封存"在西伯利亚冻土层里的猛犸象个体，通过高科技手段提取出有效基因，经过复原甚至重新编排，再寻找一个合适的"代孕妈妈"，或许未来的某一天，人们真能见到这种来自万年前的庞然大物。

基因是生命遗传的基本单位。过去，基因信息好像一本艰深的"生命天书"。现在，人们可以"读懂"乃至尝试着"编写"它。

2000 年，包括中国在内的 6 个国家同时宣布，号称"生命天书"的人类基因组工作草图绘制完毕。六国政府首脑发表联合声明表示祝贺，在全世界引起强烈反响。"读懂生命密码"的科学前沿，首次响起了"中国声音"。

17 年后，2017 年 3 月，国际顶尖学术期刊《科学》以封面文章发表了人类"编写生命密码"所取得的最新突破，其中 4 篇文章来自中国科学家的贡献——天津大学、清华大学和深圳华大基因研究院的科研团队，利用化学物质合成了 4 条人工设计的酿酒酵母染色体。

人工合成染色体的价值，在于实现对基因的操控。虽然距离真正操控基因还有非常漫长的一段路要走，但从基因组测序的"读懂生命密码"，到基因组合成的"编写生命密码"，人类对生命的认识实现了一个巨大飞跃。

中国科学院院士杨焕明亲身见证了从"读"到"写"的这一大步跨越。

1. 生命密码"破解者"

蔚蓝色的星球，蕴藏着无限生机——杨焕明一边向台下的听众展示太空中拍摄的地球照片，一边感慨生命的神奇：简单的化学分子，最终形成了如此丰富多彩的世界。

正如音乐家用音符谱出美妙音乐，诗人将字句排列成千古绝唱，现代的生物科学家开始利用基因解读生命的本质。杨焕明是中国人类基因组计划的领军人物之一。

出生于浙江乐清一个乡村的杨焕明，小时候曾在山里砍柴割草，去河里海边捉鱼蟹。他一直记得自己第一次见到莲藕时的印象，这种长于淤泥之中、横切面巧妙排列多个小孔的植物，让他长久地为大自然所造就的生物之美而感叹。

小小年纪的他，从此萌发了破解生命奥秘的梦想：水稻能不能像茭白那么高，谷子能不能像蚕豆那么大？

1975 年，杨焕明进入杭州大学生物系就读。童年时埋下的好奇种子，从此开枝散叶，一发不可收拾。经历了工厂里当技术员的岁月，他是恢复高考后的第一批大学生，虽然求学生涯被耽搁了，但这并没有阻挡他从事科学研究的热情和勇气。本科、硕士再出国深造，到丹麦哥本哈根大学获得博士学位，随后在法国、美国从事博士后研究，杨焕明一路"过关斩将"，在科学最前沿汲取了充分的养分。

20 世纪 90 年代初，杨焕明决定回国，他要凭借多年所学在祖国一展身手，也让中国的基因研究迎头赶上国际潮流。机会总是垂青有准备的人，不多久，属于他的高光时刻就将来临。

这一时期，国际人类基因组计划正在如火如荼地进行着。这个始于1990 年的国际合作计划，被誉为生命科学的"登月工程"，多个国家的科学家试图将由 30 亿个碱基对组成的人类基因组"绘制"出一张图，以此奠定人类认识自我的基石，并推动生命与医学科学的革命性进展，为全人类的健康带来福音。

参与者都是来自欧美发达国家的科学家，中国当时的基因研究刚刚起步，能跻身其中吗？

杨焕明放眼长远：如果我们不做，就错过了历史机遇。计算机的上游软硬件都攥在美国人手里，中国已经失去了一次次机遇，生物研究将成为必争之地。

1999 年，杨焕明和一批中国科研人员以中国科学院遗传研究所人类基因组中心的名义申请加入"国际测序俱乐部"。申请得到了批准，国际组织的负责人将其称为"北京中心"。当年 9 月，在英国伦敦近郊，第五次人类基因组测序战略会议上，杨焕明代表"北京中心"做专题陈述。

此时距人类基因组工作草图的完成时间只有不到一年，这是一次最后确定各国科学家任务的会议。杨焕明志在必得。他不卑不亢地向国际同行展示了"北京中心"的科研能力，聆听者一致认为，中国科学家掌握了基因测序的技术关键，可以达到国际先进水平。会议最后确定：中国承担 1% 的测序任务，也就是 3 号染色体上 3000 万个碱基的测试任务。

任务争取来了，可仅有不到一年时间，作为计划参与国中唯一的发展中国家，中国能否与国际同行同步登上这座科学高峰？不得不说，这是一个极为严峻的挑战。

中国科学家们做足了准备。30 台当时世界上最先进的测序仪、一台每秒可进行 2000 亿次运算的最新大型计算机，国家人类基因组南方中心和北方中心通力合作，为了抢时间，放弃节假日……一切为了人类基因组计划的冲刺！

2000 年 6 月 26 日，北京时间 18 时整，包括中国在内的 6 个国家同时宣布，号称"生命天书"的人类基因组工作草图绘制完毕。在科学家齐聚一堂的会场里，响起热烈的掌声。"Wonderful（太棒了）！"外国同行向中国科学家含笑致意。

尽管是 1% 的测序工作，足以让 DNA 双螺旋结构发现者之一、著名科学家詹姆斯·沃森对中国科学家的能力刮目相看：中国已经成为 DNA 科学的重要角色。

这不仅是为国争光，在杨焕明看来，加入国际人类基因组计划，使中国平等分享该计划所建立的所有技术、资源和数据，意义重大且深远。只有拥有了自己的数据和参考样本，才能全面筛选特异性疾病基因，为后期预防医学研究做铺垫。

致力于解决人类健康问题、推动生物产业迎来革命性进步……朝着霞光万丈的远方，杨焕明没有停止"破译"生命密码的征程。在人类基因组计划之后，他又先后参与主持完成了水稻、家蚕、家鸡、大熊猫等大型基因组和多种微生物基因组的测序和分析课题研究。

从事生命研究数十年，他的思考超越了科学本身：人类必须在对人类与其他生物基因的认识基础上，重新认识社会成员之间、人类与生命世界及整个大自然的关系，重塑人类社会更加和睦、人类与自然界更为和谐的新的文明。

2. 迈向"生命 2.0"的梦想

基因研究正处于科学发现的"黄金时代"，很多未知的科学现象和未解的科学问题正等待着在这一领域奋斗的科研人员去探索、去发现、去解释。

从 1999 年加入人类基因组计划、获得 1% 的测序任务，到 2017 年参与第一个全合成真核生物基因组的工作，中国在基因领域逐渐拥有被认同的国际话语权。

2010 年，美国科学家首次将人工合成的基因组植入一个原核细菌，开启了化学合成生命的研究大门。

人工合成染色体的价值，在于实现对基因的控制。比如，对一些无用有害的基因可以进行删除、修复，为人类面临的能源短缺、环境污染以及医学难题等提供可能。

比如，利用人工合成的染色体，可以精准定位并修复细胞的基因组失活点，有望治疗因染色体异常而导致的癫痫、癌症、智力发育迟缓和衰老等人类面临的医学难题。

此外，随着生物技术的突飞猛进，酿酒酵母理论上可以合成人类赖以生存的一切有机物。比如，用酵母菌合成青蒿素已经产业化，成本远低于传统的植物提取。但由于酿酒酵母比较脆弱，对环境的要求严苛，其应用范围一直受限。

一旦人类完全掌握了设计、合成酵母染色体的技术，就可以便捷地改进酵母适应环境的能力，让发酵罐生产出更多样化、成本更低廉的食物和能源，甚至未来培育出新型细菌，能把垃圾快速分解，或者把霾全部吸收。

这是一种生命形式的"升级"。如同建造房屋，人类从天然洞穴起步，建筑材料越来越好，形式越来越美。未来的生命，也将迎来 2.0、3.0 甚至更高版本。

不过，包括动物、植物和真菌在内的真核生物，其染色体更加复杂，设计与合成的难度也更高。

美国科学院院士杰夫·伯克发起酿酒酵母基因组合成计划，并寻求国际合作。伯克向美国多个实验室发出合作邀请，然而鲜有人表示感兴趣。许多人认为这种研究很疯狂，在当下的科技条件下不切实际。

中国科学家率先作出积极回应。杨焕明团队，以及天津大学和清华大学的两支团队联合加入这一计划，随后，英国、法国、新加坡等国家的科研团队也相继加盟。

如果说合成一条染色体是"盖一座大厦"，那么，中国研究者之前十余年甚至更多年的工作就像是做"砖"。没有前期日积月累的基础，大厦不可能一日盖成。

2017 年，当初"疯狂"的科学设想成真了。各国科学家联手，利用小分子核苷酸精准合成了有活性的真核染色体，得到的基因组可以很好地调控酵母的功能。同时，合成的染色体经过精致的人工设计：删除了研究者认为无用的 DNA，加入了人工接头，总体长度比天然染色体缩减 8%。

重新设计染色体并确保细胞活性，说明研究人员对生命密码不仅"知其然"，而且已经开始"知其所以然"了。这一次研究，为未来设计、构建复杂的真核生物细胞提供了更多知识储备。

杨焕明说，在掌握了基因序列的秘密之后，研究人员还将通过对染色体的设计、构建、测试等一系列过程，来验证和修正对基因组的认识。人类向着"生命 2.0"的梦想又迈进了一大步！

第三节　人类能"创造"生命？

人造纤维、人造卫星、人造材料……在我们的潜意识里，只要是人造的东西都是没有生命的。人类真能"创造"出生命吗？

早在半个世纪前，中国人就进行了这样的创新尝试。

1965 年，我国科学家在世界上首次人工合成出与天然分子化学结构相同、有完整生物活性的蛋白质——结晶牛胰岛素，开辟了人工合成蛋白质的时代。

这是世界上第一次人工合成与天然胰岛素分子相同化学结构并具有完整生物活性的蛋白质，标志着人类在揭示生命本质的征途上实现了里程碑式的飞跃。

1. 率先合成胰岛素

1958 年夏天，上海市科学技术展览会上展出了这样一幅画：实验室的一只烧杯里，爬出一个"人造"小娃娃。这幅宣传画洋溢着浓郁的科学浪漫主义，让前来参观的周恩来等党和国家领导人也不禁驻足观看。

中国科学家打算"制造"人类吗？其实不然。

那是一个火热的夏天，新中国科技界意气风发，正在发起向科学进军的新长征。许多研究机构都提出了宏伟设想，有的要让"高血压低头"，有的要让"肿瘤让路"。中国科学院上海生物化学研究所里，围绕下一步要做什么研究，科学家们也组织了一场热烈的讨论。

大家你一言我一语，抢着提出各式各样的建议。"合成一个蛋白质吧。"争论中，突然有人提议。这是一项全世界还从来没人做过的工作，中国要是做出来了，就是世界第一。

革命导师恩格斯很早以前就断言："生命是蛋白体的存在方式"。蛋白质被认为与生命的起源息息相关，是无机物到有机生命的"关键一跃"，如果人工合成一个蛋白质，哪怕不等同于合成了生命，也无疑将掀开生命起源"神秘面纱"的一角。

这层"神秘面纱"背后是什么样，甚至关系到唯物主义与唯心主义的终极之争。在一定程度上，合成蛋白质已经不只是一个科学问题了，它还是一个哲学问题。

提议很快得到绝大多数人的赞同。合成蛋白质，首先需要了解蛋白质的结构，而在当时，胰岛素的结构刚被英国科学家测定出来不久，是人们唯一知道结构的蛋白质。接下来的选择顺理成章——合成胰岛素，新中国历史上一段具有里程碑意义的科学攻坚战从此拉开序幕。

虽然现在大家对胰岛素、蛋白质、核酸等名词耳熟能详，但半个多世纪前，除了专业领域的科学家，大多数人并不能分清它们之间的区别。为了参加上海市科技展览会，中科院上海生物化学研究所一名工作人员特地

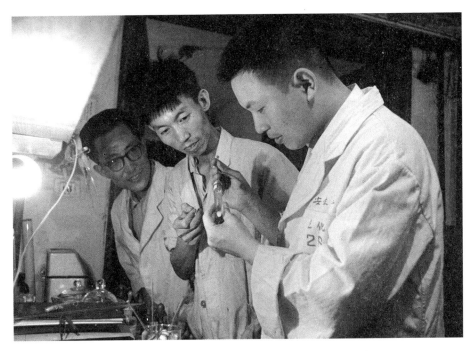

我国科学工作者在进行牛胰岛素的合成实验（资料照片）

绘制了宣传画，在画中，蛋白质一下子"跃进"了好多级，直接跟"人类"画上等号，也体现了当时许多人对以合成胰岛素为代表的科学快速发展的畅想。

不过，理想和实践之间，横亘着一条看不着边界的鸿沟。合成胰岛素的科学目标制定出来了，要实现这一目标，困难非常巨大。

简单来说，中国科学家合成胰岛素需要两大步：首先，天然胰岛素有A、B两条链，要把这两条链拆开，再把它们按照正确的秩序组合起来。这样，组合回来的东西如果还跟天然胰岛素一样有活力，那么在人工合成时就可以放心地先合成两条单链。

其次，在确定A、B两条链可以"拆合"的前提下，要把一个个基本单位——氨基酸连成一种叫作"多肽"的中间物，再把一个个多肽连接成A、B两条链。这样就确保了胰岛素的"全合成"。

当时，中国虽然有部分紧盯国际前沿的优秀科学家，也有少数在国外实验室从事过相关研究训练的"海归"人员，但总体而言，学术积累、人才队伍与欧美发达国家是无法媲美的。

举个例子来说，英国的一家实验室在胰岛素研究上一直与中国齐头并进，这个实验室由一位诺贝尔奖得主带队，在相关领域已经有 20 年以上的研究积累。

合成胰岛素所需要的实验材料和实验条件也让当时中国科学界捉襟见肘。如果要使用计算机，只能利用晚上，在仅有的一台先进计算机不处理国防研究项目的空闲时间里，做出一些运算。实验过程中使用的溶剂，简直可以用游泳池来计算，而这些溶剂大多无法在国内制造，需要用珍贵的外汇去进口。

尽管面临重重困难，新中国仍然希望在攻关"两弹一星"的同时，也能在基础科学上取得突破。人工合成胰岛素作为 1960 年第一项重点研究项目，获得了"601"的代号。

在牛、羊、猪三种已知序列的胰岛素中，中国科学家综合各种实验条件的便利性，将合成牛胰岛素定为方向。

从 1958 年开始的一年多时间里，中科院上海生物化学研究所的科学家们把主要精力都放在第一步的"拆合"上。由于研究方案经过精心设计，中国科学家找到了前人失败的原因并改变了做法，重新组合的 A、B 两条链呈现出微弱的活力。研究的路子没有错！

但中国科学家没法高兴太久，他们很快从国外的简报上得知，加拿大的同行在前后脚做出了类似成果，美国、德国、英国也都有实验室在尝试人工合成胰岛素。要知道，胰岛素的合成并没有很多经济价值，它只有科学理论上的意义，如果别人再抢先做完，那中国科学家就前功尽弃了。

接下来的研究并不顺利。虽然有其他机构加入进来，但到了 1961 年，研究并未取得决定性突破，进度远远没有达到最初计划的设想。合成工作确实太过艰难和繁复：没选择好合适的溶剂、保护基、缩合剂，没选择好合适的肽段大小，没选择好接头，等等，都可能使合成功亏一篑。巨大的工作量之外，一环紧扣一环，稍有不慎，就可能前功尽弃。

部分人得出一个悲观的结论：胰岛素不可能合成成功。有一段时期，甚至大多数人都希望合成胰岛素的项目"下马"。

一种夸张的说法是，合成蛋白质不如养老母鸡，因为老母鸡在合成蛋白质方面最厉害。之所以会有这样的说法，是因为人工合成胰岛素太困难了，需要消耗的资源过多，而取得的成果过小。

但聂荣臻坚决不同意工程"下马"。他说：人工合成胰岛素一百年我们也要搞下去。我们这么大的国家，几亿人口，就那么几个人，就那么一点钱，为什么就不行？在他的要求下，中科院上海生物化学研究所、上海有机化学研究所和北京大学化学系分别把这项工作坚持了下来。

僵持中，研究继续推进。1964 年前后，联邦德国和美国的科学家分别发表简报，称已经初步合成了胰岛素，只是活性还非常低。这给中国科学家带来了很大的震动。他们估计国外同行距最终合成胰岛素还有约两年时间，因此决定让北京的研究小组和上海的研究小组合并，希望能抢先把它合成出来。

这一决定成为转折点。经过合并，原先独立的两个小组形成互补。根据分工，中科院上海有机化学研究所和北京大学负责做 A 链；中科院上海生物化学研究所做 B 链，并负责把两条链最终连接起来。想到要跟国外赛跑，大家心里憋着一股劲，夜以继日地工作。

实验室用来振动试管的摇床不够，就手工摇晃试管，为了赶进度，有的研究人员几天几夜没合眼，摇着摇着就睡着了，差点儿把试管摔在地上。

1965 年 9 月 17 日，中国科学家终于在世界上第一次取得了人工牛胰岛素结晶。能够结晶，意味着产物足够纯，标准足够高，已经与天然胰岛素一样。中国科学家提供了严格的数据，得到国际学术界的公认：中国人率先合成了胰岛素。

2. 与诺奖失之交臂

胰岛素成功合成后，1966 年 4 月，项目的部分科学家赴欧洲参加学术会议，会上，他们向国际同行报告了中国的人工合成胰岛素工作。

几乎同时，由中科院上海生物化学研究所、上海有机化学研究所和北京大学化学系 21 名研究人员署名的论文《结晶胰岛素的全合成》，中英文版本分别发表在《科学通报》和《中国科学》上。

这一工作随即引起国际科学界的极大关注。瑞典皇家科学院诺贝尔奖评审委员会化学组组长提塞留斯教授等多位著名科学家很快访问了中科院上海生物化学研究所，提塞留斯对中国科学家在独立环境下做出的惊艳成果给予了高度评价，他甚至这样说："人们可以从书本中学到制造原子弹，但是人们不能从书本中学到制造胰岛素。"

作为新中国取得的第一项世界领先的基础科学研究成果，人工合成胰岛素得到国际科学界的普遍认可，也曾经非常接近拿下中国第一枚诺贝尔奖章。

20 世纪 70 年代初，在国际物理学界享有盛名的杨振宁回国访问，提出愿意为人工合成胰岛素工作的完成人提名诺贝尔化学奖。由于当时的政治气候，中国科技主管部门经过考虑，婉言谢绝。

1978 年 9 月，杨振宁与邓小平会面时再度提议为人工合成胰岛素提名诺奖。10 月，他又向到美国访问的北京大学校长周培源提及此事，并希望提供论文摘要、对该项工作的评价以及获奖三人名单。

稍后，瑞典皇家科学院诺贝尔化学奖委员会写信给中科院上海生物化学研究所所长王应睐，请他推荐诺贝尔化学奖候选人名单。美籍华裔逻辑学家王浩教授也提出要为人工合成胰岛素工作的完成人提名诺贝尔奖。

这一次，国家科委、中科院经过研究，认为可以向诺奖委员会提出推荐。从 1978 年 12 月 11 日起，在北京友谊宾馆召开了为期近 10 天的胰岛素人工全合成总结评选会议。经评选委员会与有关单位协商，会议最后决定："推荐钮经义同志代表我国参加人工全合成研究工作的全体人员申请诺贝尔奖。"

历史上，诺贝尔化学奖曾数次颁发给胰岛素相关研究，但遗憾的是，幸运女神这次没有垂青中国人做出的工作。

为什么与诺奖擦肩而过呢？一个很重要的原因是——晚了。

"晚了"体现在两个阶段：我们在成果发布上就晚了一拍。先合成 A、B 两条链是中国科学家的首创。如果按照原有理论，A、B 两条链连接回天然模样的概率微乎其微，几乎不可能表现出活力。但实际操作中，两条链连接后至少呈现出 10% 的活力。这意味着原有的理论需要做出改变。

这一重大突破，按照现在的科学惯例，肯定应该在国际学术刊物上发表。但遗憾的是，在 1959 年，中国科学家完全没有考虑要发表论文。他们甚至因为担心如果发表了论文，国外的同行很快就会看出"门道"，可能抢先一步做出合成物。

由于最终的胰岛素合成物才是中国科学家的主攻方向，为了确保任务顺利完成，他们决定对中间过程的突破进行保密。

几乎同时，加拿大科学家在同一工作中取得进展，虽然产物只有 1%—2% 的活性，但他们在英国《自然》杂志上发表。美国科学家安芬森也很快做出了类似结果，而且安芬森根据结果提出一个大胆的新理论—— 一级结构决定高级结构，这能够完美地解释为什么 A、B 两条链会呈现超出预期的活力。

安芬森也因此获得 1972 年的诺贝尔化学奖。

在第二个阶段，也就是向诺奖提名的时间，我们也晚了。在很长一段时间里，中国科学界对诺奖"敬而远之"。而在这段时间里，科学突破一日千里，中国科学家合成胰岛素不久，一种新的方法——固相合成方法诞生了，这一方法随后迅速得到推广。加上研究热点的转移变迁，到 20 世纪 70 年代末，国际上已经很少有科学家再用原有的人工方法去合成蛋白质了。

要知道，诺奖的评选最重视两大因素：一是原创性，需要"开启一扇大门"；二是对以后的工作有重大影响，"大门里要有源源不断的后来者"。如果说人工合成胰岛素在某个历史阶段的确具有重大意义，那么随着时间的推移，科学不再朝这个方向发展，它没有对后续工作产生足够大的影响。这是合成胰岛素工作的遗憾，但却是科学研究的一个常态。

1966 年 12 月 24 日，《人民日报》头版头条用大红字做标题，刊登了中国科学家合成胰岛素的消息。这是与原子弹爆炸同等的殊荣待遇。"这一杰出的重大成就，标志着人类在揭开生命奥秘的伟大历程中迈进了一大步，为生命起源的唯物辩证学说取得了一项有力的新证据"，报道这样写。

半个世纪后回顾，与诺奖擦肩而过的人工合成胰岛素这一工作，价值究竟有多大呢？即便是当年参与这项工作的科学家，意见也不完全一致。

施溥涛于 1959—1965 年间在北京大学参与人工合成胰岛素研究，在他看来，把合成胰岛素视作生命合成的起点，这种提法有些拔高了，但通过这项工作，促进了人们思想观念的突破，同时，也把中国科学界原先空白的领域发展了起来。

而在当年的人工合成胰岛素拆合组组长邹承鲁的眼里，胰岛素工作是超前的，或许到了人工制造生命的时候，人们将会更能理解这项工作的历史地位。[1]

3."大兵团作战"得与失

尽管与诺贝尔奖失之交臂，但在 20 世纪中叶，人工合成胰岛素这样一项世界级科学成果诞生在中国，极大地提振了新中国的科学声誉。

由于科研基础薄弱，也由于"集中力量办大事"的资源调度优势，当时的中国科技界为了攻关胰岛素人工合成项目，参照战争模式，组织了所谓的"大兵团作战"。

1959 年，当胰岛素拆合工作有了初步成果后，研究团队的领导者认为关键问题已经解决，剩下的就是工作量问题，因此动员更多人来参与这项工作。到 1960 年春天来临前，复旦大学生物系已组织起平均年龄不到 23 岁，

---

[1] 邹承鲁、梁栋材、王贵海等口述，熊卫民访问整理：《从合成蛋白质到合成核酸》，湖南教育出版社 2009 年版，第 25—29 页。

其中大部分连普通生化课都没念过的上百名师生进行胰岛素合成，并持续到了当年夏天。

中科院上海生物化学研究所也很快召开了轰轰烈烈的动员大会，甚至仿照战役组织，安排了科研的第一梯队、第二梯队、第三梯队。不过，这样的梯队冲锋式研究，大多数停留在低水平重复阶段，往往是各做各的。上午一拨人，下午换成另一拨人，晚上再换一拨人，各人只记得自己的实验结果，对别人的东西完全看不懂。半年后一总结，发现完全白干了。

也正是因为巨大的投入打了水漂，在20世纪60年代初，大多数参与项目的科研人员都提出应"下马"合成胰岛素项目。一位项目负责人在总结"大兵团作战"的经验时这么评价：希望一马当先，万马奔腾，可"一马"既没有当先，"万马"也没有奔腾。

经过压缩和调整，项目虽然保留了，但人海战术实际上已被放弃。

半个多世纪后，当我们以更加从容与客观的目光审视这段历史时，我们会看到，现代科学研究越来越需要协作，越来越需要集体智慧，西方科学家的确很难在短时间内、在基础研究项目上组织起这么一支庞大队伍搞大协作，但简单地投入人力，认为参与科学研究的人越多越好，并不符合科学规律。

科学研究是一种特殊劳动，要在大脑中积累知识，积累之后再加工，加工之后试探，试探之后失败，从失败之中得到教训，再提升。这种螺旋式的上升，是通过积累、实验、思考形成的。

正如多位参与胰岛素合成的老科学家所说，自然科学研究需要积累，急是急不出来的。"大兵团作战"的教训就是，搞科学研究不能"大轰大嗡"。光凭热情，没有科学态度是不行的。

一位老科学家打了一个形象的比喻：这就像乒乓球单项冠军，冠军是真的，可它只是单项，基础还比较差。胰岛素就属于这样一种性质，是"小米加步枪"搞起来的。

在证明蛋白质分子可以人工合成之后，中国科学家决心在世界上第一个人工合成具有生命现象的物质。为实现这个计划，"生命起源"系列研究开始启动，包括人工合成第二个更大的蛋白质，开展蛋白质和核酸的结构分析，人工合成核酸等。这一系列研究被列为中科院第一批 10 个赶超项目之一。

但研究没有取得预期的进展。回过头看，在 1977 年开始与国际学术主流接轨之前，中国的生命科学研究实际上走过了一条十分独特的道路：当时西方以 DNA 研究为重中之重，在核酸研究和蛋白质研究两个方面均做了大量开创性工作，从分子层面对生命现象达成了非常深刻的理解，进而开始对生命的基本过程进行操控。

而中国深受当时意识形态的影响，试图解答"生命起源"这样的哲学问题，把主要力量集中于"人工合成生命"研究之上，只是在人工合成胰岛素、胰岛素晶体结构测定、人工合成酵母丙氨酸转移核糖核酸等少量项目上取得了进展。

"文化大革命"期间，绝大多数的科研工作处于暂停状态，只剩下极少数仍能进行，人工合成胰岛素幸运地成为这极少数中的一部分。在那个特殊的年代，大学停止招生、许多科学研究项目基本不再进行，人工合成胰岛素及后续项目，成为培养中国现代生物学人才的唯一途径。有了这批在国际磨炼过的人才的积累，再加上部分尚未荒废专业的老专家，中国才能迅速跟上国际潮流，在"文化大革命"结束后不久，即在以分子遗传学和基因工程为代表的分子生物学主流研究领域取得成果。

但代价是，大量的人力、物力投入到人工合成胰岛素上，相对来说，我们在其他方面，如分子生物学、基因、克隆等，都放下了，落后了一大截，一直到"文化大革命"结束后，我们才又开始那些工作。

毋庸讳言，我们进步的时候，其他国家也在进步，和同期西方所获得的进展相比，中国生命科学的研究效率相对低下，创新性也远远不及。即便是具有里程碑式意义的人工合成胰岛素工作，以现在的眼光来看，也可以用更少的人力、更精干的力量、更聪明的办法去做。

　　回顾那段特殊时期的科学史，难免给人以恍若隔世之感，但仍有助于我国观察和分析当代中国的科研体制，并在权衡评价自由探索与集体攻关之间的关系时，多一分历史的观照。

　　当时，国家将重点聚焦在"两弹一星"研制等重大任务上，成为中国组织实施大科学工程的成功范例。但是，"以国家任务带学科"模式也暴露出一定的局限性。事实上，基础研究有很强的探索性和不确定性，这方面的规划似乎应更着眼于长远目标，注重选拔拔尖人才，具有一定的灵活性。

　　进入 20 世纪八九十年代，时任中科院院长周光召希望在生命科学领域再组织一个类似胰岛素合成的项目。经过一番调查发现，已经很难重现当年的场景：大家有共同兴趣的题目不容易找了，更难组织在一起。周光召决定，还是应由科学家自己去找题目，科研机构再给予必要的支持。

　　回过头看，人工全合成结晶牛胰岛素开辟了人工合成蛋白质的时代，在生命科学发展史上产生了重大影响，也为后人留下了宝贵的精神财富。

　　如今，生物技术群体性突破及颠覆性技术不断涌现，向农业、医学、工业等领域广泛渗透，引领性、突破性、颠覆性特征日益凸显，已成为新一轮科技和产业变革的核心。

第五章
探梦"三深"极限

1903 年，美国的莱特兄弟驾驶人类第一架动力飞机成功升空，从此人类插上了飞翔天空的翅膀。

1909 年，美国奥克兰市，年仅 25 岁的广东人冯如驾驶自己设计制造的"冯如 1 号"飞机试飞成功，这是中国人首次驾驶自制的飞机飞上蓝天。

2003 年，中国的航天员杨利伟首次进入太空，俯瞰我们美丽的家园。

2019 年 1 月 3 日，中国"嫦娥四号"代表人类首次软着陆月球背面，传回了世界第一张近距离拍摄的月背影像图。38 万公里很远，远到人类文明从未在月球背面留下印记；38 万公里很近，就在今天，中国在"蟾宫后院"折桂！

人类的征途不仅仅是星辰，还有大海，还有探索通向地球深处的隧道。

"蛟龙号"团队十年磨一剑，实现了中国大深度载人潜水器的"从无到有"，从浅蓝走向深蓝。"地壳一号"以完钻井深 7018 米创亚洲国家大陆科学钻井新纪录，让中国人也能近距离倾听地球母亲的"心跳"。

向地球深部进军！这是 70 年前新生的中国从百废中兴起的必然需求，也是 70 年后人民共和国从"站起来"、"富起来"向"强起来"跨越的战略选择。

在这片人类探索的最前沿，几代人前赴后继，凭借勤勉与创新，铭镌下不可磨灭的中国刻度。

　　敢于追梦的民族，永远拥有美好的明天。坚持创新、协调、绿色、开放、共享的发展理念，在发现未知地带的征程中，中国不断创新，奏响探索深空、深地、深海的畅想曲。

第一节　仰望星空

一位西方哲人曾说:"一个民族有一群仰望星空的人,他们才有希望"。

1961 年,苏联的加加林驾驶东方号飞船完成世界首次载人宇宙飞行,实现了人类进入太空的梦想。

美国深空探测专家罗伯特·法库第一次提出通过中继星实现与月球背面探测器通信的设想,并建议后续的阿波罗任务可以考虑到月球背面去,但因为各种原因没有实现。

如今,中国人把这一设想实现了。

从"东方红一号"成功发射,到"空间实验室飞行任务"取得重大阶段性胜利,一代代航天人自力更生、自主创新,我国已昂首屹立于世界航天大国之列。

宇宙到底有多大?这是人类秉承探索发现的天性不断追寻的问题。作为当今世界最具挑战性和广泛带动性的高科技领域之一,航天深刻改变着人类对宇宙的认知。

1. 到月背去!

这一刻,世界看中国!

经历了约 38 万公里、26 天的漫长飞行之后,"嫦娥四号"准备着陆月球了。这一次,是月球背面。

2019 年 1 月 3 日,北京航天飞行控制中心大厅内,现场工作人员一声令下,"嫦娥四号"探测器从距离月面 15 公里处开始实施动力下降,探测器的速度逐步从相对月球 1.7 公里／秒降为零。

10 时 15 分,"嫦娥四号"迎来制动时刻,7500 牛变推力发动机开机,动力下降开始。

10 时 21 分,降落相机开机,开始抓拍落月全过程。

10 时 25 分，"嫦娥四号"转入悬停模式，不一会儿便转入避障模式。选定相对平坦的区域后，"嫦娥四号"开始缓速垂直下降。

最终，在反推发动机和着陆缓冲机构"保驾护航"下，最激动人心的时刻终于到来！

10 时 26 分 24 秒，经历了近 700 秒的落月过程，"嫦娥四号"成功着陆！

"一切正常！"指控大厅爆发出热烈的掌声。

"嫦娥四号"成功着陆在了月球背面东经 177.6 度、南纬 45.5 度附近的预选着陆区，月球背面真正意义上第一次成功留下了人类探测器的身影。

落月后，通过"鹊桥"中继星"牵线搭桥"，"嫦娥四号"探测器进行了太阳翼和定向天线展开等多项工作，建立了定向天线高码速率链路，顺利实现了月背和地面稳定通信的"小目标"。

11 时 40 分，"嫦娥四号"获取了月背影像图并传回地面。这是人类探测器在月球背面拍摄的第一张图片。

"惊天一落"的消息很快传遍世界，美国太空探索技术公司创始人埃隆·马斯克也第一时间向中国探月取得的成功点赞祝贺。

月球背面对于人类而言，是"秘境中的秘境"。

由于月球自转周期和公转周期相等，加上被地球潮汐锁定，地球强大的引力让月球总是一面朝向地球，人类在地球上只能看见月球的正面。到月球背面开展低频射电天文观测，可以填补观测空白，也是全世界天文学家梦寐以求的事情。

从 20 世纪 50 年代开始，人类陆续向月球发射了 100 多次探测器，但还从没有探测器在月球背面着陆开展就位探测。

1962 年 4 月 26 日，美国"徘徊者 4 号"探测器撞击月球背面，成为首个在月球背面硬着陆的探测器，但遗憾的是，并未传回任何数据。

此次"嫦娥四号"的着陆区月球南极－艾特肯盆地是太阳系中已知最大的撞击坑之一，也被公认为月球上最老、最深的撞击盆地。

到月球背面开展低频射电天文观测，是全世界天文学家梦寐以求的事情，可以填补射电天文领域在低频观测段的空白。

由于月球背面具有独特性质，"嫦娥四号"着陆地是从未实地探测过的处女地。月球车在月背行走时，还可以获取综合地质剖面，将是国际首创。

"嫦娥四号"的一小步，无疑是整个人类太空探索史上的一大步。

2004年，我国探月工程正式批准立项。3年后，"嫦娥一号"任务绕月探测，实现了中华民族千年奔月梦想。在经历"嫦娥二号"的探索之后，2013年，"嫦娥三号"成功落月并开展月面巡视勘察，实现了我国首次对地外天体的直接探测，把"玉兔号"的足迹刻在了月球；当"嫦娥三号"任务圆满完成以后，作为备份的"嫦娥四号"怎么办？该去哪儿？一度引发不少探月科学家们的讨论。

不少人认为，"嫦娥四号"无须冒险，还应落在月球正面。然而，作为中国航天科技集团五院深空探测和空间科学首席科学家的中科院院士叶培建却坚定地提出：中国探月工程应该走一步跨一步。落到月球背面去，这是一个创举。

在新中国成立70周年之际，叶培建被授予"人民科学家"国家荣誉称号。

"到月球背面去"——在不少科学家眼中是"不可能完成的事情"。

"由于受到月球自身的遮挡，在月球背面，任何人类探测器都无法直接与地球进行测控通信和数据传输。"中国探月工程总设计师、中国工程院院士吴伟仁介绍，到月球背面去，必须要面对"不在服务区"的失联挑战。

正是源于这样一种"不走寻常路，勇于挑战自我"的信念，中国航天人最终作出了一个大胆的决定："'嫦娥四号'要实现人类月球背面的首次软着陆！"

从技术发展角度来讲，如果我们未来要建设月球科研站，就需要航天器能够高精度着陆。解决"嫦娥四号"面临的挑战，将为后续的深空探测和小行星探测打下基础。

"嫦娥四号"落月的一刻，74岁的叶培建走向正在前排工作席的"嫦娥四号"探测器项目执行总监张熇，两代"嫦娥人"的手，紧紧地握在了一起。

探月工程，是当今高新技术发展中极具风险和挑战的领域。它由卫星、运载火箭、发射场、测控和地面应用等五大系统组成，是一份"10000-1=0"的事业。一颗螺丝钉、一个插头就可以决定整个工程的成败。

中国探月每一次突破、每一步跨越，都凝结了上百家单位、几万名科技工作者、解放军指战员的心血和智慧，体现了社会主义集中力量办大事的优势。

是他们，时刻用"居安思危"鞭策自己，秉承"质量即生命"理念。

作为探月工程卫星总装班班长，30 年的时间里，刘福全带领团队完成了从"嫦娥一号"到"嫦娥四号"的全部总装任务，始终坚守在总装第一线。

"嫦娥四号"探测器装载的 7500 牛变推力发动机是目前我国最大的航天器用化学推进器，操作风险极高。凭借过硬的装配技能，他提出了"多次调转、对接＋二次吊装"的组合方案，实现了发动机高精密装配。

是他们，年逾花甲依旧坚守一线，像保护自己的孩子一样，保护着探测器的安全。

在厂房，每当有人靠近"嫦娥四号"探测器操作时，总有一位老者站在操作者身后，盯着操作者的每一个动作，像保护自己孩子一样，用手臂保护探测器设备的安全。

这位老者就是王国山，作为"嫦娥四号"总环试验分队中最年长的一位航天人，始终坚守在总装一线，护驾嫦娥助力奔月。

是他们，心里没有丝毫畏惧，眼里尽是航天的"诗和远方"。

"嫦娥四号"成功完成落月任务，其中一个叫作伽马关机敏感器的"小"器件却遇到了大麻烦。

"绝对不能带着问题上天，绝对不能带着遗憾上天。"团队负责人刘靖雷马上行动起来，查数据、做仿真、制定实施方案，迅速形成了过百页的精度论证报告，在不更改正样产品流程的同时对精度也进行了验证。

月球探测工程，我国航天事业发展的又一座里程碑，开启了中国人走向深空探索宇宙奥秘的时代。

备受关注的星际探索,未来还有"大动作":预计 2020 年"长征八号"首飞、2030 年左右重型运载火箭实现首飞、2035 年左右运载火箭实现完全重复使用、2040 年左右未来一代运载火箭投入应用、2045 年具备规模性人机协同探索空间的能力……智能火箭、载人登月、载人登火星令人充满期待。

2.太空奏响《东方红》

浩渺宇宙,见证着中国航天不断标注新的高度。这段壮丽的中国航迹,始于半个世纪前太空奏响的一曲《东方红》。

1957 年 10 月 4 日,苏联成功发射了第一颗人造地球卫星,震惊世界。美国紧随其后也发射了人造卫星,由此掀开美苏"太空竞赛"的篇章。

此时的新中国,尽管经济、科技各方面都很落后,但具备了一种强烈的要屹立于世界民族之林的决心。1958 年 5 月,在中共八大二次会议上,毛泽东主席以极高的远见和极大的气魄提出:我们也要搞人造卫星。

不过,由于国情的限制,那段时期,中国尖端技术的发展方针是"两弹为主,导弹第一"。在这种情况下,发射人造卫星的计划只能先"让路",转为研制探空火箭,学本领、打基础、训练队伍。

1964 年是中国高技术领域丰收的一年。6 月,中国自行设计的第一枚中近程火箭发射成功。10 月,中国第一颗原子弹成功爆炸。此外,之前一直"打基础"的科研团队,在卫星能源、卫星温度控制、卫星结构、卫星测试设备等方面都取得了突破。

科学家们觉得发射卫星可以提上日程了。这年年底,钱学森、赵九章等著名科学家上书中央,建议开展人造卫星的研制工作。科学家的建议,受到了毛泽东、周恩来等老一辈党和国家领导人的高度重视。1965 年 5 月,受毛泽东的委托,周恩来总理亲自指示中国科学院拿出第一颗人造卫星具体方案。

负责卫星总体组的科学家钱骥，带领年轻的科技工作者拿出了初步方案，并直接向周恩来作了汇报。当周恩来知道钱骥姓钱时，不禁风趣地说：我们搞尖端科学的，原子弹、导弹和卫星，实在是都离不开"钱"啊！①

经过上百位专家的严密论证，第一颗人造卫星的性质、任务、发射时间与成功的标志都确定了：这是一颗科学探测试验卫星，任务是为发展中国的对地观测、通信广播、气象等取得基本经验和设计数据，发射时间定在1970年，成功的标志是："上得去、抓得住、听得到、看得见。"

所谓"上得去"就是要保证卫星飞上天；"抓得住"就是要在卫星发射后，不管气象情况如何，都能够跟踪测量；"听得到"就是要让全国和全世界都能收听中国第一颗卫星发送的声音；"看得见"就是在地球上的观测人群能用肉眼看见卫星。②

由于卫星工作规划方案是1965年1月正式提出的，所以，周总理在中央专委会上将人造地球卫星工程的代号定名为"651"任务。会议明确规定：全国的人财物遇到"651"均开绿灯。从此，"东方红一号"进入了工程研制的实质阶段。

科研活动异常辛苦。科研人员有一次在室外做一个部件试验，时值隆冬，寒风凛冽。试验、改进、再试验、再改进，不分白天黑夜，不管起风下雪，一丝不苟地测试，不放过每一个故障。

由于早期发射卫星的运载工具，都是在导弹的基础上发展起来的，中国第一颗人造卫星的重量，实际上也展现了国家的军事实力。这在中苏关系破裂、中美对立的特定国际环境下，具有重大的现实政治意义。

虽然中国卫星工程起步较晚，但专家们都认为中国的起点要高，第一颗卫星在重量、技术上要做到比美苏第一颗卫星先进。苏联第一颗卫星重量

① 张劲夫：《我国第一颗人造卫星是怎样上天的？》《人民日报》2006年10月17日。
② 樊洪业主编：《中国科学院编年史：1949~1999》，上海科技教育出版社1999年版，第169—170页。

83.6 公斤，美国第一颗卫星 8.2 公斤。经过科学家的苦干加巧干，"东方红一号"上天时的实际重量达到了 173 公斤。

孙家栋是"东方红一号"卫星的总体设计负责人。在新中国成立 70 周年之际，他被授予"共和国勋章"。他回忆，当时科研人员面对的最大挑战，是用最简陋的设备实现中国第一个太空使命，为了让卫星"看得见"，科研人员在运载火箭的第三级上增加了一个观测球，涂抹了反光材料，可以大面积反射太阳光。

很多老一辈人都记得"东方红一号"播放的熟悉旋律。这段音乐的接收、转播系统，为中国第一颗卫星所独有，它不是靠录音机，而是采用电子线路模拟铝板琴声音演奏而来。

"当时想的就是，传一段《东方红》乐曲，中间还要传一段工程数据。前八节完了以后，中间有很长一段时间，就是'叽哩嘎啦'这个声音，它是传递数据。"孙家栋回忆。

1970 年 4 月 1 日，"东方红一号"卫星、"长征一号"运载火箭运抵我国西北的酒泉发射场。

一切准备就绪之后，4 月 24 日 21 时 35 分，卫星发射时刻终于到来了。伴随着发动机的轰鸣声，"东方红一号"随"长征一号"运载火箭喷射而出，离开了发射台，直冲云霄。

21 时 48 分，星箭分离，卫星入轨。21 时 50 分，国家广播事业局报告，收到中国第一颗卫星播送的《东方红》乐曲，声音清晰洪亮。

第二天，新华社向全世界庄严宣布：1970 年 4 月 24 日，中国成功地发射了第一颗人造地球卫星，卫星运行轨道的近地点高度 439 公里，远地点高度 2384 公里，轨道平面与地球赤道平面夹角 68.5 度，绕地球一圈需 114 分钟。卫星重 173 公斤，用 20.009 兆周的频律播送《东方红》乐曲……

锣鼓喧天，鞭炮齐鸣，北京、上海、天津、沈阳、武汉……全国各地万人空巷，组成了声势浩大的游行队伍，大家群情激昂，振臂欢呼中国自行研制的第一颗人造地球卫星上天。

我国第一颗人造地球卫星"东方红一号"

卫星上天之后，一些国际友人到我国参观卫星研制基地，当时的环境条件让参观者惊呼："'东方红一号'能诞生，是个奇迹！"

东方红卫星发射后的第二年，中国发射了第一颗自主研制的科学实验卫星——"实践一号"。1975 年，我国发射了第一颗返回式人造卫星。1981 年，我国成功用一枚火箭发射三颗卫星。

进入新时代，我国卫星事业发展更加迅速。2015 年 12 月，暗物质粒子探测卫星悟空号发射，2016 年 8 月，量子科学实验卫星"墨子号"发射，2017 年 6 月，中国第一颗 X 射线天文观测卫星——"慧眼"卫星发射……这些科学卫星，在中国甚至世界上都可被称为开拓者，承载着中国科技界的厚望，是中国创新奋起直追的又一个新起点。

从第一颗人造卫星"东方红一号"到今天，我国已有 200 多颗中国研制并发射的卫星在轨飞行。

3. 载人航天"三步走"

"东方红一号"上天之后，载人航天很快提上了议程。钱学森甚至已经将飞船命名为"曙光一号"，用他的话来说，这是"先把载人航天的锣鼓敲起来"。

"曙光一号"预备的首批乘客，当时在位于北京农业大学院内的航天医学工程研究所里，进行飞天前的各种准备。著名作家叶永烈曾回忆他拍摄第一批航天员训练、生活的情形：

各种专门的训练设备，什么振动椅、离心机、冲击塔、模拟舱之类，应有尽有。我们对宇航员的各项训练都逐一做了拍摄。当时，我国甚至连宇航员们吃的太空食品也已经研制好了，是上海一家食品厂做的。它们只有军棋子那么大，味道并不是很好，只是十分新奇。

遗憾的是，囿于当年的综合国力和科研能力，"曙光一号"最终只尘封在一张张的构思图和一个个的试验中。据说，周总理曾专门就中国载人航天的发展讲了几条原则：不与苏美大国开展"太空竞赛"，要先把地球上的事搞好，发展国家建设急需的应用卫星。这一项目暂时搁置了下来，一搁就是10多年。

在此期间，国际上的太空探索如火如荼。

1983 年 3 月，美国提出了著名的"星球大战"计划。苏联随即制定相应计划，作出回应。欧洲、日本、印度、巴西不甘其后，相继提出发展载人航天计划的设想。

这场面向未来高科技发展的新一轮竞争中，中国何去何从？

1985 年 7 月，中国首届太空站研讨会在秦皇岛召开。在时任航天部科学技术委员会主任任新民的倡导下，我国载人航天计划又一次启动了。

这一年，任新民已经 70 岁高龄。这位被尊为航天"总总师"的中科院院士，曾作为副总设计师，领导和参加了我国第一枚中近程弹道式导弹液体火箭发动机的研制；组织研制了长征一号运载火箭，保证了我国第一颗人造地球卫星的发射成功；组织用长征三号火箭把亚洲一号卫星准确送入地球同步转移轨道，实现了中国运载火箭商业发射服务"零"的突破……他依然以满腔的热情为航天的战略发展奔走呐喊。

在太空站研讨会上，代表们各抒己见，虽然意见大相径庭，思路也不成熟，但却有一个共识：发展载人航天是大势所趋。与会代表的研究报告被汇编成《太空站讨论会文集》，任新民在序言中这样写道：

"太空站迟早是要搞的，但等到人家都成了常规的东西，我们才开始设想，到时候就晚了。所以，从现在起就应有一个长远规划，对其中的某些单项关键技术应立即着手研究。一旦国家下决心发展载人航天，就能及时起步。"

1986 年春天，杨嘉墀、陈芳允、王大珩、王淦昌四位科学家有感于中国急需跟踪研究外国战略性高技术发展，联名写了一份报告，并很快得到邓小平的回应：此事宜速作决断，不可拖延。这就是后来著名的"863"计划的来由。

"863"计划为中国的载人航天开辟了道路。国家下了决心，拨款 50 亿元，发展大型运载火箭及天地往返运输系统、载人空间站系统及其应用。

不过，中国的载人航天应该如何起步？科学界展开了一场百花齐放的学术争鸣。主要观点集中分为两派：一派认为，航天飞机可重复使用，代表了国际航天发展潮流，中国的载人航天应当有一个高起点；另一派则认为，载人飞船既可搭乘航天员，又可向空间站运输物资，还能作为空间站轨道救生艇用，且经费较低，更符合中国的国情。

1989 年的一天，北京市阜成路 8 号的航天大院里，两种观点正面碰撞。

航空航天部北京空间机电研究所高技术论证组组长李颐黎为载人飞船方案做了"代言"。

李颐黎毕业于北京大学数学力学系，是钱学森当年讲授《星际航行概论》时带的弟子之一。对于比较论证会，他显然有备而来：

美国有钱，他们有 4 架航天飞机，每架回来后光检修就要半年时间，飞行一次得四五亿美元。俄罗斯也有 3 架航天飞机，其中一架飞过一次，另一架正准备飞，还有一架是做试验用的。因为没钱，现在飞不起了。欧空局研制的"赫尔墨斯号"小型航天飞机也是方案一变再变，进度一拖再拖，经费一加再加，盟国都不想干了，最后只好下马。"基于上述原因，我认为，从国情出发，绝不能搞航天飞机！"

这次比较论证后，航空航天部系统内逐渐达成共识：中国载人航天发展的途径从载人飞船起步。

论证组后来向钱学森汇报了飞船的论证情况。钱学森很认真地听取了汇报，并郑重地表示："将来人上天这个事情，比民航飞机要复杂得多，没有国际合作是不行的，哪个国家自己也干不起。这是国家最高决策。在 50 年代要搞'两弹'就是国家最高决策，那也不是我们这些科技工作者能定的，而是中央定的。"[①]

1992 年，中央专委会召开第五次会议，专门研究发展我国载人航天问题。

"从政治、经济、科技、军事等诸多方面考虑，立即发展我国载人航天是必要的。我国发展载人航天，要从载人飞船起步。"中央专委会第五次会议上给出了定论。

时任航空航天工业部部长林宗棠早早来到了办公室。这一天，将由他宣布我国开展载人飞船工程研制的纲领性文件。

"今年是 1992 年，这一年，在已经记满了 5000 年方块字的史册上，将另起一行，庄严书写：仙女散花，不再是年画上的；飞天弄琴，不再是石窟里的；嫦娥奔月，也不再是神话中的！中国，不会永远被地球引力捆绑住。因为我们中国人，已经准备造船了。"林宗棠讲到这里时，台下掌声一片。

我国载人航天工程"三步走"计划的建议，随后被呈给中央：

第一步，在 2002 年前，发射两艘无人飞船和一艘载人飞船，建成初步

---

① 朱增泉、左赛青：《中国载人航天工程决策实录》，《决策与信息》2003 年第 12 期。

配套的试验性载人飞船工程，开展空间应用实验。

第二步，在第一艘载人飞船发射成功后，大约在 2007 年，突破载人飞船和空间飞行器的交会对接技术，并利用载人飞船技术改装、发射一个 8 吨级的空间实验室，解决有一定规模的、短期有人照料的空间站应用问题。

第三步，建造 20 吨级的空间站，解决有较大规模的、长期有人照料的空间站应用问题。

这一建议，很快得到了中央的批准，从此开启了中国载人航天轰轰烈烈的长征路……

时光荏苒。进入 21 世纪，中国载人航天技术迎来了蓬勃发展的新时期。新世纪的航天技术，向着国际空间站、天基航天、月球基地、太空旅游、载人火星登陆等多个方向迅速发展。

随着载人航天技术的发展，人类利用太空资源的能力将会不断增强，人类将通过对太空这一新的领域的探索和开发而实现飞跃式发展。

根据发展载人航天分"三步走"的战略规划，中国也将深刻地参与到这场人类迈出摇篮、飞向宇宙太空的行动中去。

第二节 "下五洋捉鳖"的深蓝梦

"可上九天揽月，可下五洋捉鳖"。诗人的浪漫豪情，进入 21 世纪以后，正化为现实。

在成功实现航天员太空漫步之后，我国又开始挑战海底的极限深度。

地球表面 70% 的面积是海洋，海洋 90% 的面积是水深超过 1000 米的深海。在那鲜有人迹的深海中，蕴藏着丰富的油气、矿产、生物等资源。据估算，未来全球油气总储量 40% 将来自深海，极具潜力的"可燃冰"也藏在深海里。

除了满是宝藏之外，深海更是研究解决生命起源、地球演化、气候变化等重大科学问题的前沿领域。可是，人类对深海的认识少之又少。全球仅有寥寥几个国家有能力研制出高科技装备，去探索数千米深的海底世界。

很长一段时间里，由于缺乏载人深潜技术，我国认知和利用深海的能力较低。经过几代人的艰苦努力，从最早的无人潜水器到如今的载人潜水器，从小型到大型，从只有一两个到如今形成谱系，我国深海装备事业经历了飞跃式的发展历程。

1. 深海舞"蛟龙"

"蛟龙号"，我国探索深海的"开路先锋"。

2012年一个夏日的早晨，太平洋马里亚纳海沟海域。热带风暴刚刚散去，天气晴好，蔚蓝的海面上，"向阳红09"号科学考察船随着海浪轻轻摇晃。

船后甲板的支架上，矗立着红白相间的"蛟龙号"载人潜水器。很快，它将迎来7000米级海试的一场"大考"。

"人员各就各位！"现场总指挥的声音响彻全船，试验正式开始。巨大的起重臂灵巧地操作起来，潜水器移出、挂缆、起吊、入水。蛙人小组的橡

"蛟龙号"载人潜水器准备进入水中（刘诗平 摄）

皮艇靠上前去，两名蛙人抓住潜水器上的栏杆，用身体将橡皮艇和潜水器紧紧扣在一起，另一名蛙人身手敏捷，一跃而上为潜水器解除了吊缆，也为"蛟龙号"解脱了最后的束缚。

"水面检查完毕！"通话器中传来了试航员的报告声，"蛟龙号"开始注水下潜，50 米、100 米、300 米……潜水器稳稳地以每分钟约 40 米的速度向深海潜去。①

5000 米、6000 米，下潜深度超过 7000 米。新的纪录诞生了，指挥部里的人们相视而笑。为了这一刻，他们中有的人放弃了国外的高薪职位，有的人无法在儿女出生之时守候在妻子身边，有的人一年中有 200 多天漂在海上……不断刷新的中国下潜纪录，是他们最大的欣慰。我国也由此成为世界上少数几个能将载人潜水器成功送到 7000 米深度的国家之一。

让我们来好好端详一下这位"功臣"吧。

"蛟龙号"圆圆的身体，外形有点像一条鲸鱼，直航稳定，灵活又如大鲨鱼，身后装有一个 X 形的稳定翼。它的长、宽、高分别是 8.2 米、3 米和 3.4 米，最大荷载 240 千克，生命保障系统可供 3 人正常水下工作 12 小时，应急 84 小时。

它的外壳犹如金钟罩，每平方米可承受约 1 万吨压力，足以应对 7000 米的深海环境。7 个推力器可以轻松实现前进、后退、上浮、下潜、左移、右移和前倾、后倾、横倾的调节，这在国际上同类潜水器中独具特色。

此外，"蛟龙号"还有两个多关节的机械手，活动自如，反应灵敏。事实上，这不仅是一个潜水艇，更是一个水下智能机器人，能够在陌生复杂的深海环境中开展外科手术般的作业。

凭借优秀的性能，"蛟龙号"可在占世界海洋面积 99.8% 的广阔海域自由行动。尤其值得一提的是，这台目前全球下潜能力最深的作业型载人潜水

---

① 罗沙：《"蛟龙号"7000 米级海试第一次下潜试验侧记》，《新华每日电讯》2012 年 6 月 16 日。

器，由我国自主设计、自主集成研制而成。

以"蛟龙号"为开端的载人潜水器，一段从"零"起步的奋斗史，绕不过一位名叫徐芑南的老人。

徐芑南，中国工程院院士、"蛟龙号"总设计师、我国深潜技术的开拓者。

2002 年，科技部启动"十五"期间"863"计划重大专项——7000 米载人深海潜水器，打响了我国深海技术领域的攻坚战。选总设计师时，大家不约而同地想到了徐芑南。

此时，徐芑南已经从中船重工七〇二所退休，在大洋彼岸的美国与儿孙共享天伦之乐。接到七〇二所原所长吴有生院士打来的邀请电话后，徐芑南一个劲说："来不及了！赶快要赶回所里！"他不顾患有严重心脏病，放弃在美国颐养天年的生活，带着老伴即刻赶回国内。

搞了一辈子的深潜技术研究，大多是深潜机器人，载人深潜一直是徐芑南的梦想。

要实现从 600 米到 7000 米载人深潜这么一个重大的跨越、突出的挑战，包括了如何应对深水 7000 米的巨大压力，如何具备针对作业目标稳定的悬停定位能力，如何进行水声通信和图像语音传输，如何建立水面支持系统等。

2009 年"蛟龙号"第一次海试，年逾七旬的徐芑南坚持要求上船坐镇指挥，他拖着装满药品、氧气机、血压计等医疗器械的拉杆箱，和科研团队坚守在一起。

后续的 5000 米级和 7000 米级海试，由于试验海区较远，徐芑南不能亲临现场，但他一直坚守在海试陆基保障中心，第一时间了解海试情况，并给出相应的技术指导。由于时差因素，海试常常在半夜或凌晨进行，但徐芑南从未缺席过。

"蛟龙号"的研发，是一个复杂的系统工程，包括机械、通信等 12 个分系统，需要上百家科研单位齐心协力和一代接一代的奋斗攻关。

承担了"蛟龙号"38 次下潜试验主驾驶任务的叶聪,人称"深海的哥"。2001 年毕业来到七〇二所后,正值历时多年申请的 7000 米大深度载人潜水器接近立项,叶聪从此与"蛟龙号"相伴成长十余年。

2003 年,年仅 24 岁的他因出色的才干被委以重任,负责"蛟龙号"载人潜水器的总布置设计。尽管没有现成的设计标准、设计规范和参考资料可借鉴,他凭借自身扎实的专业知识,开创性地提炼了深海载人潜水器的设计方法。

载人潜水器是潜水器中复杂程度最高的一种,特点是能够在陌生复杂的深海环境开展外科手术般的作业。研制过程中采用数值仿真、缩比模型试验、模拟环境考核等手段验证和完善方法及标准体系。而潜水器最重要的设计文件和图纸、均衡计算书、深潜操作流程以及潜水器总图,多出自他之手。

作为我国自主研制的第一台大深度载人潜水器,各项性能指标都需要进行大量的海上试验来验证和改进,而试验背后的风险显而易见。

在"蛟龙号"之前,我国载人潜水器下潜深度不超过 600 米。作为我国自主研制的第一台大深度载人潜水器,科研攻关的最大深度目标最后定在世界领先的 7000 米,这意味着各项性能指标都需要进行大量的海上试验来验证和改进。

下潜,就意味着置个人安危于度外。叶聪主动请缨,立下了"军令状"。

长时间的深潜,对谁而言都是件"遭罪"的事。看似胖胖的载人潜水器,座舱内径不过两米,可要挤满 3 人,腿都伸不直。遇到狂风巨浪,剧烈的摇晃和颠簸更让人难以忍受。但叶聪从未叫过苦,仿佛下潜是件"美差",圆满完成了一次次的下潜任务。

从 2009 年至 2012 年的 4 年海试期间,"蛟龙号"共下潜 51 次,他承担了其中 38 次下潜试验主驾驶任务。海试中,坚持不带故障下潜、边试验、边改造、边应用,"蛟龙号"第一次突破 50 米、300 米、1000 米、2000 米、3000 米、4000 米、5000 米和 7000 米深度,都是在他的驾驶下完成的。凭借沉着冷静,他多次有效处理了潜水器水下故障,保证了潜水器和人员的安全。

7000米——这个深度覆盖了全球海洋面积的99.8%。每一次下潜深度的突破，都考验着他高超的专业能力和极强的心理素质，也展现着中国海洋探测实力的提升。

近几年来，"蛟龙号"进入实验性应用阶段，带着越来越多的科学家深入海底进行科学考察，跑遍了太平洋、印度洋等世界上七大海区，覆盖海山、冷泉、热液、洋中脊、海沟等典型海底区域，总航程超过8.6万海里，成功下潜158次，获取了海量珍贵事项数据资料和高精度定位的地质与生物样品。

这让叶聪由衷感到高兴和自豪。曾经很长的一段时间，因为缺乏载人深潜技术，我国认知和利用深海的能力，以及对国际深海治理的主导权和话语权都受到了严重影响；如今，他和同事们打造的载人潜水器，正在为我国海洋资源勘探、海洋科考作出应有贡献。

"蛟龙号"的"兄弟"——4500米级载人潜水器已经出海。这台名为"深海勇士"的潜水器，叶聪和他的同事们历时八年攻关，国产化率达到95%，全面带动了国内深潜装备产业技术的发展。

一路伴随着"蛟龙号""深海勇士"成长，叶聪也从初出茅庐的毛头小伙逐渐成长为项目副总师、总设计师。角色不断跨越，担子越来越重，面对新的挑战，他将所有压力化作前行的动力。

2016年，叶聪正式挂帅全新的万米级载人潜水器总设计师。中国人的蓝色梦想仍在向大洋更深处延伸。

新的深度，新的征程，对潜水器的结构设计、材料等都提出新的巨大挑战。中国的创新者们做好了准备！目前，全海深载人潜水器已完成设计，转入全面建造阶段，按照计划，将在2020年完成万米级载人潜水器的研制。

大深度载人潜水器是国际海洋工程界的顶级挑战。如果说"蛟龙号"在7000米处的压力是700个大气压，那么万米级载人潜水器还要增加400余个大气压。这样的高压对潜水器的结构设计、材料等，都提出了巨大挑战。

目前，全海深载人潜水器完成设计，转入全面建造阶段。

从"蛟龙号"到"深海勇士"，再到全海深载人潜水器，从创造世界上最大作业深度的记录到打造世界领先的载人深潜水下作业效率，中国在载人深潜领域没有停歇。

将深潜进行到底——未来，中国科学家将随着它向海洋最深处挺进，探索深海大洋的未知世界。

2.开发深海宝藏

1200 多米的深海，再往地下 200 余米，天然气喷涌而出，点燃了全球最大海上钻探平台"蓝鲸 1 号"的喷火装置。

2017 年 5 月，我国南海神狐海域天然气水合物试采实现连续 187 个小时的稳定产气。这是中国首次实现海域可燃冰试采成功。

与人们熟悉的海底石油、海底天然气田相比，可燃冰要神秘得多。这种由水和天然气在高压、低温条件下形成的类冰状结晶物质，不仅燃烧产生的能量明显高于煤炭和石油、污染更小，而且储量丰富，其资源量相当于全球已探明传统化石燃料碳总量的两倍左右。仅在我国南海海域，储存量就相当于约 800 亿吨油当量。

我国首次可燃冰试采成功。这一切，离不开"蓝鲸 1 号"半潜式钻井平台这个海上巨无霸：钻井平台从船底到钻井架顶有 37 层楼高，甲板面积相当于一个标准足球场大小；最大作业水深 3658 米、电缆拉放长度达 120 万米，相当于从北京到上海的距离。

这个世界最大、钻井深度最深的半潜式钻井平台，由我国自主制造，可适用于全球深海作业，具备抗 12 级飓风能力。

海洋深处有着无穷宝藏。国土资源部原部长姜大明这样描述"探海"前景：围绕"进入深海—认知深海—探查深海—开发深海"这一主线，突破制约深海探测能力的核心关键技术，进军深海科学和技术制高点。

有"蓝鲸 1 号"，还有"深蓝 1 号"，后者是我国首座"深海渔场"，投用后批量国产深远海三文鱼将走上百姓餐桌。

三文鱼肉质细嫩鲜美、营养价值高，是高附加值冷水鱼类，经济价值高，由于它对生存环境要求苛刻，我国过去无法利用冷水资源大量养殖三文鱼，每年都需要从国外大量进口。

我国首座全潜式大型深海渔业养殖装备"深蓝1号"成功建成交付，是我国水产养殖业现代化进程中具有重要影响力的一件大事。这一大型渔业养殖装备呈圆柱状，高35米，周长180米，可容纳养殖水体5万立方米，一次可养育三文鱼30万条，实现产量1500吨。

深海渔业养殖装备主要去深远海，自然环境条件比近海优越，但要经受风浪、台风等环境考验，对工程技术水平是个挑战。为此，"深海1号"的网箱是全潜式的，全自动程度高；在深远海养殖，鲨鱼等侵袭也是非常大的风险，所用网全部采用高科技材料，对预防鲨鱼等侵袭有很好的效果。

这是我国第一个深远海渔业养殖装备，也是全球第一座全潜式深海渔业养殖装备。"深蓝1号"研发过程中，突破全潜式养殖装备总体设计、沉浮控制、鲨鱼防护、氧气补充、死鱼回收、鱼群监控等多项核心技术。

海水养殖是我国海水产品的主要来源，是缓解近海渔业资源的主要手段。加快推进海水养殖从近岸港湾向深远海拓展，是优化海水养殖空间布局、促进养殖业转型升级的必然选择。发展深远海养殖，装备和技术是关键。

自古以来，人类观察海洋的方式，是从海面或空中俯视海洋。随着科学技术的进步，人们可以在海底建设观测网，从海底仰视海洋。

在海底建设观测网，就像一双双安装在海底的"眼睛"，被称为继地面与海面观测、空中遥感观测之后，人类在海底建立的第三个地球科学观测平台。

然而，在波涛汹涌、瞬息万变的海面上，这一设想实施起来谈何容易！

截至2017年，中国科学院海洋研究所已先后组织多个航次在热带西太平洋成功收放潜标 73 套次，建成了由 16 套深海潜标组成的我国西太平洋科学观测网并实现稳定运行，在西太平洋代表性海域最深观测度达 5093 米，获取了连续 3 年的温度、盐度和洋流等数据。

在 2016 年航次中，他们又攻克了潜标数据长时间实时传输的世界性难题，实现了深海数据的"现场直播"。

目前，我国海洋领域第一个国家重大科技基础设施——"国家海底科学观测网"已被正式批复立项，建设周期 5 年，总投资逾 21 亿元。建成后，将成为总体水平国际一流、综合指标国际先进的海底科学观测研究设施。

同济大学汪品先院士说，我国深海研究的起步比许多国家都晚，深海科技与国际前沿的差距也比许多领域都大。积极开展海底科学观测网的建设，对早日实现建设海洋科技强国的梦想意义重大。

第三节　向地球深部进军

地球深部潜藏着什么，让人类百年来孜孜不倦地求索？

矿产，能源，还有我们不曾了解的地球奥秘——在历尽艰难方能企及的深处，蕴藏着人类远未认知和开发的宝藏。但要得到这些宝藏，必须掌握关键的科学技术。

人类的征途不仅仅是星辰和大海，还有探索通向地球深处的隧道。

从"解锁"深层油气田，到聆听"地球母亲的心跳"，70 年岁月荏苒，几代人前赴后继，镌刻下一个又一个中国深度。

1."我不相信石油都埋在外国的地底下"

石油，工业的血液。这个亿万年前的生物留给后人的馈赠，自从工业文明开始，便成了人类文明最重要的命脉之一。

"泽中有火""上火下泽"。3000 多年前，《易经》中就有关于石油的记载。

明代宋应星的科技巨著《天工开物》，把长期流传下来的石油化学知识做了全面总结，留下关于石油开采工艺的系统叙述。

但 1949 年前夕，中国石油极其匮乏，经济、国防、战略储备，以及人民生活，都焦急地等待着石油。当时的石油工业，虽不完全是一张白纸，但职工也不过万人，钻机 8 部，仅有 3 个小油田、2 个气田，年产原油仅 12 万吨，而且主要是粗油矿。

石油基本上靠从外国进口！在新中国成立之前的半个多世纪，中国一直被笼罩在"贫油论"的阴影下，洋油、洋火这些名称曾经深深刺伤了国人的民族自尊心。

早在 20 世纪二三十年代，外国人就在这里探寻中国深度：美孚石油得出"不存在有价值油田"的结论；日本侵略者为掠夺资源，更是大规模勘探试钻，最终也一无所获。

新生的共和国受到西方国家的经济封锁，中国政府只能拿出极其有限的外汇从苏联进口一些油料。

外国专家断言："中国没有石油。"

美国官员表示："红色中国并没有足够的燃料进行一次哪怕是防御性的现代战争……连几个星期也不行。"

对中国科研和石油工作者而言，能有一双"神眼"，穿透地层并准确找到油气的位置，是他们一生的梦想和追求。

中国科学家和石油人发起了轰轰烈烈的石油大会战。

黄汲清，著名的构造地质学、地层古生物学和石油地质学家，他提出"多期多层生储油"的陆相沉积生油学说，对旧有的"海相生油、陆相贫油"观念形成巨大突破。与此同时，他开创了用历史分析法研究中国大地构造的先例，提出"多旋回构造运动"的观点，取代了曾经占据主流的"单旋回"观点，在国际上引起轰动。

潘钟祥，著名石油地质学家。从北京大学毕业后，先后到陕北、四川等地进行多次石油地质调查，发表了《中国陕北和四川的白垩系石油的非海相成因问题》《中国西北部的陆相生油问题》等，提出突破性的见解。赴美求学后，他从浩瀚的文献中提出了"陆相地层生油"的论点。20 世纪 40 年代中期，中国地质工作者在玉门油田所开展的古生物研究工作，为证实"陆相地层生油"提供了新的佐证。

这些原创理论的提出，为新中国"找油"指明了方向。

李四光，中国现代地球科学和地质工作的主要领导人和奠基人之一。他创立了中国地质力学，提出新华夏构造体系三个沉降带有广阔找油远景的认识，为中国甩掉贫油国的"帽子"作出了重要贡献。

新中国成立后，李四光仔细分析了中国地质条件，深信在如此辽阔的领域内，天然石油资源的蕴藏量应当是丰富的，关键是要抓紧做好石油地质勘探工作。他提出应当打开局限于西北一隅找油的局面，在全国范围内开展石油地质普查工作，不是找一个而是要找出几个希望大、面积广的可能含油区。

1953 年，李四光以独创的地质力学论证出中国陆地一定有石油，并建议中国石油地质工作"战略东移"，并开始了大规模的石油普查。也是这一年，中国石油工业部筹备上马。

1955 年，新疆第一口探井喷出石油，从而发现克拉玛依油田，我国石油工业初现曙光。然而，对于中国每年巨量的原油需求来说，这远远不够。

中国还需要更多的油田，更大的油田。

1955 年春，李四光担任全国石油普查委员会的主任委员，指导了石油找矿工作。特别是东北平原、华北平原先后突破之后，他更加坚定了中国具有丰富的石油资源的信心，指出新华夏沉降带找油的理论是可靠的，为中国寻找石油建立了不可磨灭的功勋。[1]

1959 年 9 月，在松嫩平原上一个叫大同的小镇附近，一座名为"松基三井"的油井里喷射出的工业油流，改写了中国石油工业的历史：松辽盆地

---

① 钱学森：《光辉的旗帜——李四光》，《人民日报》1989 年 10 月 29 日。

白垩系神秘地宫的大门被打开，标志着大庆油田——一个世界级特大型陆上砂岩油田诞生！

时值国庆 10 周年，这个油田以"大庆"命名，一个源于石油、取之国庆的名字很快便叫响全国，也翻开了中国石油开发史上具有历史转折意义的一页。随着大庆油田的发现，我国石油实现基本自给，一改依靠进口的局面。

经过不断探索研究，在李四光"陕甘宁盆地有油""迅速开展海洋地质工作""海上石油远景东海和南海""要突破古生代油田"等理念指导下，我国接连在各大盆地发现了一系列大油田，滚滚石油把"中国贫油论"的帽子彻底地甩进了太平洋。

1971 年，杰出科学家李四光与世长辞，享年 82 岁。人们在李四光的遗物中找到这样一张纸条，上面写着：地球交给我们珍贵的遗产——煤炭之类内容极其丰富的财富……要把地热充分利用起来，我们可以节省多少燃料，可以给人们的生活创造很大的福利。

不仅仅是科技领域对油田发现有着重要推动力，百万石油员工的奋斗同样具有非凡意义。以铁人王进喜为代表的新中国石油工人，在一片荒原上，开始了一场气壮山河的石油大会战。

"有条件要上，没有条件创造条件也要上！"

"宁肯少活二十年，拼命也要拿下大油田！"

铿锵的誓言，穿越时空回荡在人们耳畔。

身穿皮袄，手握刹把，目光刚毅，巍然挺立——这是王进喜留的"铁汉写真"。

1959 年，王进喜作为石油战线的劳动模范到北京参加群英会，看到大街上的公共汽车，车顶上背个大气包，他奇怪地问别人："背那家伙干啥？"

"因为没有汽油，烧的煤气。"这话像锥子一样刺痛了他。

"北京汽车上的煤气包，把我压醒了。"王进喜多次向工友们说，"我不相信石油都埋在外国的地底下。没有石油，国家有压力，我们要自觉地替国家承担这个压力，这是我们石油工人的责任啊"！

一场人与钢铁、力量与困难的较量开始了。

1958 年 9 月，王进喜带领钻井队创造了当时月钻井进尺的全国最高纪录，荣获"钢铁钻井队"的称号。

随着我国石油战线传来喜讯——发现大庆油田，一场规模空前的石油大会战随即在大庆展开。王进喜从西北的玉门油田率领钻井队赶来，加入了这场石油大会战。为了早日开钻，他带领全队职工人拉肩扛，硬是把设备从火车上卸下来，再运到井场安装。

没有公路，车辆不足，吃和住都成问题。一到大庆，呈现在王进喜面前的是许多难以想象的困难。

这是会战史上著名的"人拉肩扛运钻机"。钻井队员们用滚杠加撬杠，靠双手和肩膀，奋战三天三夜，38 米高、22 吨重的井架迎着寒风矗立荒原。

打第一口井时，为解决供水不足，王进喜振臂一呼，带领工人到附近水泡子里破冰取水，硬是用脸盆、水桶，一盆盆、一桶桶地往井场端了 50 吨水。

开钻后，王进喜吃在井上，睡在井上，几天几夜没下"火线"。饿了，就啃几口冷馒头，困了就在草堆里躺上一会儿。他风趣地说："天当被，地当床，一觉睡到大天亮。"

奋战在冰冻似铁的荒原上，钻机的轰鸣在大地回响。一根根飞转的钻杆在强大的推力下，向着梦想与希望的里程钻去——100 米、200 米、500 米、1000 米……身患重病他顾不上；几百斤重飞钻杆砸伤腿他顾不上，挂着双拐也要继续指挥……

打第二口井时，井喷意外发生了。当时没有压井用的重晶粉，王进喜当即决定用水泥代替。成袋的水泥倒入泥浆池却搅拌不开。在滴水成冰的寒冬，王进喜竟然甩掉拐杖，奋不顾身跳进齐腰深的泥浆池，挥动双臂搅拌泥浆……

终于，"出油啦！出油啦！"钻井队的队员们抱着油管热泪盈眶，泣不成声。1960 年，大庆首列原油外运。

1963 年底，周恩来总理在二届全国人大四次会议上庄严宣布：中国石油基本实现自给。"中国人民使用'洋油'的时代即将一去不复返了！"

从玉门到大庆，从发现到稳产，一次次的会战，新中国石油工业由此进入一个新纪元。2019 年 9 月 26 日，大庆油田迎来了一个甲子！

这是永不停歇的创业之歌——靠着中国人自己"钻"出来的大庆油田，天然气产量已经迈上 40 亿立方米的新台阶，连续 27 年年产原油 5000 万吨以上，油田累计生产原油 23.9 亿吨，油气产量当量保持在年产 4000 万吨以上的世界级水平。依靠科技进步"稳油控水"等，油田不断向"油气并举"跨越。

千万吨级大型油气田横空出世，大型炼化企业连续崛起。中国石油勘探在陆上、海上和西部地区都有重大收获，渤海、东海和南海海域相继发现并开发了油气田，海洋油气成为石油工业新的增长点，页岩油、天然气等勘探开发方面也不断取得重大突破，油田的高质量发展基础得到夯实。

铁人——20 世纪 60 年代诞生的这个名字，成为一个时代的强音。60 年来，大庆精神、铁人精神薪火相传。

如果说，老一代"铁人"为甩掉"贫油"的帽子作出突出贡献；那么，新一代"铁人"正在为油田稳产再高产而艰苦创业、接力奋斗。为快速前进的中国经济列车不断注入"黑色血液"，中国石油工业创新在书写新的篇章。

2. 十年磨一"钻"

地底的温度有多高？仍有生命体存活吗？地球究竟是怎么形成的？要回答这些未解之谜，最直接有效的方法，就是科学钻探。这是向地球深部进军不可缺少的重要支撑。

20 世纪中叶以来，发达国家陆续实施了多项科学钻探计划。最先启动探索的是美国。然而，看似简单的钻探工作，难度远超想象。钻头磨损、钻杆断裂、地底高温，让实际操作总是遇到重重障碍。用当时一位地质学家的话来说，相当于站在高楼上拿着一根又细又长的干面条，朝着底下的柏油马路钻孔。

美国放弃之后，苏联又开始计划钻出一口全世界最深的井。在科拉半岛邻近挪威国界的地区，苏联人最深的一个钻孔达到 12263 米。截至目前，以垂深计算，这个钻孔仍是到达地球最深处的人造物。

此后，德国、美国和中国作为第一批成员，发起了国际大陆科学钻探计划。这一研究，覆盖了几乎所有地学领域的目标，预计将带动地球科学相关学科和技术的重大发展。

在这个科学的前沿领域，中国能与先行的发达国家平起平坐吗？

工欲善其事，必先利其器。此前，我国地球物理的仪器主要依赖进口，但国外高精度的仪器对我国是封锁的。

"如果说我们是'小米加步枪'的部队，人家就是有导弹的部队。"著名地球物理学家、吉林大学教授黄大年生前接受采访时说。他深知，这是国家发展无法回避与绕开的话题，必须突破发达国家的装备与技术封锁。

他回国，就是要帮助祖国完成这一突破。

像一枚超速运动的转子，将一个又一个地球探测科技项目推向世界最前沿，直至 58 岁的节点上戛然而止；心有大我、至诚报国，把为祖国富强、民族振兴、人民幸福贡献力量作为毕生追求——黄大年离世以后，对他的褒赞纷至沓来。

2009 年放弃英国的优越条件回国后，黄大年一直奋战在地球探测科学的第一线。科技部有一项地球勘探项目，想在"十二五"期间取得突破，缺一位领军人物。正在着急，有人推荐了刚回国不久的黄大年。

"没问题。"黄大年爽快地答应下来。从踏上祖国土地的那一刻起，黄大年作为首席科学家，组织全国 400 多位来自高校和科研院所的优秀科技人员，开展"高精度航空重力测量技术"和"深部探测关键仪器装备研制与实验"两个重大项目攻关研究。

没有个人利益的计较，他看中这个项目瞄准的尖端技术——就像在飞机、舰船、卫星等移动平台安装上"千里眼"，能看穿地下深埋的矿藏和潜伏的目标；自主研发给地球做 CT 和核磁的仪器装备，让地下 2 公里甚至更深处都变得"透明"。

与探测仪器专家合作研发深部探测仪器装备，与机械领域专家合作研发重载荷物探专用无人机，与计算机专家合作研发地球物理大数据处理与解释——搞交叉、搞融合，是黄大年回国后提出的一项新的科研理念。

他深知，真正的核心技术是买不来的。中国虽拿到了新一轮世界科技竞赛的入场券，但必须牢牢抓住创新这个"弯道超车"的机遇，才能追赶历史的潮流。

40 年前，中国最需要矿产资源的时候，找矿技术却非常落后。黄大年在考进长春地质学院前，曾经在广西的罗屋矿区参加"找矿大会战"。他所在的是磁场测量队伍。勘测队员要观测、计算和记录垂直分辨率、K 值、磁感强度……铁矿是有磁性的，根据不同地点的磁力变化，能推断和猜测铁矿的位置和规模。

事先根据矿区特点定线、定点，然后操作员扛着磁秤仪走一条直线，一个个测点，翻山涉水，绝不绕道。一般每天测 120 个点；记录好数据，再分析地层，算参数。一年后，他因为和同事们发现一座中型铁矿，获得了"工业学大庆先进生产者"称号。

这段经历，成为黄大年研究物探的开端。不过，在后来的科研生涯里，他成功地用航空物探替代了传统的人工。

航空物探，也就是用飞机和轮船搭载电、磁、重力仪器，让它们替人走一条直线，又快又好地完成任务——用黄大年的话说："坐在机库里喝咖啡，喝完了工作也做完了。"但前提是，得有高灵敏的仪器。

装在飞机上勘测地球的仪器主要分 3 类：测磁、测电、测重力。前两者有点像是安检用的金属探测仪。

黄大年专长的重力仪，则是用另一种原理隔空探物。它测量重力效应变化，绘制出密度分布图。如果地下有空腔，或者重物，它都能测出来。除了探矿，重力仪还被用于寻找地下工事和古代遗迹。

7 年间，黄大年带领 400 多名科学家创造了多项"中国第一"，为我国"巡天探地潜海"填补多项技术空白。

有人评价：以他所负责的项目"深部探测关键仪器装备研制与实验"的结题为标志，中国"深部探测技术与实验研究"项目 5 年的成绩超过了过去 50 年，深部探测能力已达到国际一流水平，局部处于国际领先地位。

他带头研制的航空重力梯度仪，研究的无人机搭载技术、军事反潜、自主导航、地下隐伏目标探测等技术，如果组合起来，意义非常巨大，可以将地下两公里甚至更深的地方探测得更清楚，就像给地球做"CT"。

但他自己，却因拼命工作积劳成疾，不幸因病去世。

黄大年一直把邓稼先等老一辈留学报国的科学家作为自己学习的榜样。他曾说，自己只是千千万万海归学者中的普通一员。他还说，有好多兄弟为了祖国的事业已经倒下了，但这并不能阻挡后来者前进的决心，看着中国由大国向强国迈进，一切付出都是值得的。

黄大年的目光穿越时空，关怀着人类的今天和未来。

2018 年，松辽盆地，一项聆听地球母亲"心跳"的科学计划正在实施。

7018 米！自主研发的"地壳一号"钻机完成首秀，这是亚洲国家大陆科学钻井的新纪录。国际学界发出惊叹：中国正式进入"深地时代"。

从理论上讲，地球内部可利用的成矿空间分布在从地表到地下 1 万米，目前世界先进水平勘探开采深度已达 2500—4000 米，而我国大多小于 500 米。

"地壳一号"万米钻机填补了中国在深部大陆科学钻探装备领域的空白，大大提高了中国超深井科学钻探装备的技术水平。

钻井越深，温度越高，面临的技术难度就越大。如何保障钻头在持续超高温下不"中暑罢工"，是科学家们面临的重要问题。通过反复研究和实验，团队研发出新型钻井液配方，经受住了井底高温的考验，刷新了中国钻井液应用的最高温度纪录。

"钻地"成功后科学家们又面临"取心"的挑战。在一个极不均匀和复杂的球体上"动刀"，在保证钻的井眼不能坍塌和崩裂的同时，还要完整无缺地取出深部岩心，难度极大。松科二井采用国内首创的大直径同径取心钻探工具，一举攻克了钻头破碎岩石和粗大岩心抓取、携带出井等关键技术难关。①

利用"地壳一号"钻机获得的岩心，我国科学家为建立地球演化的档案创造了条件，使进一步解密白垩纪气候、环境变化成为可能，也为支撑大庆油田未来50年发展、保证我国能源安全提供了重要的数据支撑。

7018米不是终点，它只是一个里程碑。"地壳二号"的设计研发工作已经启动，目标是实现15000米的钻井深度。

负责项目的中国科学家骄傲地宣布，他们有能力为中国乃至全球深部探测作出更多的贡献，发现更多的地球奥秘和油气矿藏，造福全人类。

3. 不断标刻中国深度

四川凉山，层峦叠嶂，从地面上开车大约20分钟，才能到达垂直岩石覆盖2400米的锦屏地下实验室。这也是目前世界上岩石覆盖最深的实验室，它的建成标志着我国已经拥有国际一流的低辐射研究平台，能够自主开展像暗物质探测这样前沿的基础科学研究课题。

存在于宇宙中的暗物质，为何要到地下探测？如果暗物质比作宇宙中的"雾霾"，地球则是在"雾霾"中行驶的汽车，"雾霾"中的颗粒撞击汽车就会发出"响声"，实验探测器的任务就是把这种"响声"记录下来。

探测实验的主要困难就是宇宙射线以及地球上无处不在的放射性，要尽最大可能排除其对实验本底的干扰。打个比方，就好像听众坐在第一排听音乐会，同时要听清30米外一只蚊子的"嗡嗡"声。

锦屏地下实验室对"滤声"而言，条件得天独厚。实验室深度为全球同类实验室中最深，上方2400米厚的岩石层可拦截大部分穿透力极强的宇宙

---

① 高楠、孟含琪：《7018米！中国科学家"向地球深部进军"》，《新华每日电讯》2018年6月4日。

射线，使其数量降至地面水平的亿分之一。

重庆涪陵，页岩气田累计探明地质储量超 6000 亿立方米，成为北美之外最大的页岩气田。但这些有望改变中国能源格局的清洁高效能源，犹如被摔碎的"瓷盘"，深埋在大山中。开采之难，令人咂舌。

如果说常规天然气开采是"静脉采血"，那页岩气开采则是从"毛细血管"中"采血"。虽然可以借鉴北美页岩气开发的经验和技术，但一些国际"巨头"面对中国埋藏深度更大、气藏结构更复杂、保存条件更差的页岩气藏，因理论和技术出现严重的不适应症，最后只能退出。

压裂，通俗地说就是把页岩气从石头缝里"挤"出来，被专家称为打开页岩气库藏的"钥匙"。通过引进、消化、吸收和创新，我国很快全面掌握了从设计到指挥、施工全套技术。

重庆西部地区的中石油足 202 井压裂深度达到 3980 米，重庆南部地区的中石化丁页 4 井突破了埋深超过 4000 米的压裂技术瓶颈……目前，我国已实现 3500 米以浅页岩气绿色、高效开发和技术装备自主，还在 3500 米以深的区域实现了突破，单井开发成本不断下降。

我国的能源变革不断提速。从 2010 年前后实现"零"的突破，到 2017 年全国年产能即超过 100 亿立方米、累计产气超过 100 亿立方米，中国跻身"全球三甲"。在开发开采过程中，中国企业依靠自主创新，探索出一套适合中国地质条件、水平国际领先的页岩气勘探开发理论、技术、标准和管理体系。

雄安新区，路上没有一个井盖，空中没有一根电线，路面不再"开膛破肚"。长长的地下综合管廊，将给水、电力、通信等 7 类管道纳入其中。

21 世纪的地下管廊式基础设施是新区建设的一大亮点，雄安新区建设将把城市交通、城市水电煤气供应、灾害防护系统全部放在地下，以管廊的形式进行智慧化运维管理；地上部分将让给绿化、让给人行道。

城市发展充分向地下发展延伸是城市现代化建设的鲜明特征之一。从建筑发展史看，19 世纪是造桥的世纪，20 世纪是城市高层建筑发展的世纪，

21世纪则是地下空间开发利用发展的世纪。从地铁交通工程、大型建筑物向地下的自然延伸，发展到与地下快速轨道交通系统相结合的地下街、文化体育工程（博物馆、图书馆、体育馆、艺术馆）、地下综合管线廊道等复杂的地下综合体，再到地下城。城市地下空间已经成为社会经济发展的重要资源。

......

中国深度不断延伸与拓展，见证着中国科技创新的跨越式发展，也护航着中国这艘"复兴号"巨轮行稳致远。

10年前，新中国成立60周年之际，中国科技工作者曾发布一份名为《认识地球，走进深部》的科学宣言，郑重而自豪地声明：中国要走向探测地球深部的新时代。

10年后，他们有理由更加自豪，为已经标刻的中国深度自豪，为将要抵达的中国深度自豪！

第六章
超级工程的跨越

一座桥，书写创造奇迹。

伶仃洋，是南海进入珠江的咽喉要道。碧波之上，全长 55 公里的港珠澳大桥飞架香港、澳门、珠海三地。这座世界上最长的跨海大桥，因大桥建设者们迸发出的创造伟力而气贯长虹。

一百年前，兰渝铁路的建设构想，出现在孙中山先生的《新中国成立方略》中。没有足够的技术实力，这条铁路就只能停留于想象。

历经 9 年的攻坚克难，2017 年，长达 886 公里的兰渝铁路全线通车。

高速铁路"日进千里"，"中国之路"竞相开通。

跨越塞北风区，蜿蜒岭南山川，俯瞰今日中国铁路，我国新开通高铁超 2 万公里，到 2018 年年底高铁营业总里程 3 万公里，稳居世界第一位。

创下最高运营时速、最低运营温度纪录的中国高铁，又开始"走出去"，兴建土耳其第一条高铁、俄罗斯第一条高铁……

从"看人脸色"到"独立组网"，仅仅十余年间，中国"北斗"跃升为全球四大卫星导航系统之一；C919 成功首飞，实现了国产大型客机"零"的突破，中国人的"大飞机梦"穿越了近半个世纪。

一个又一个重大工程拔地而起，"最长、最高、最大"的纪录不断被中国写进世界历史。

砥砺奋进中，依托一个个重大工程，我国正在重塑经济发展新版图，区域间、产业间发展不平衡不协调的问题正在破解。

株洲"动力谷"、武汉"光谷"、沈阳机器人、无锡物联网、西安航空航天产业……中国多地形成产业发展的新版图，打造出新的产业增长极。

高速铁路的建成，让回家的路更快，归乡的情更浓；南水北调的贯通，让千万百姓饮上清泉活水，久旱的大地再现生机……

伟大时代产生伟大工程。大到西气东输、水利建设，小到一根光纤、一张电网的铺设，大国工程所及之处，无不造福一方百姓，"点亮"人们的生活。

第一节　中国"天眼"的探索

从贵阳驱车五个半小时，进入这片崎岖的山区。

平塘，这里有中国最偏远同时也是最重要的科学项目之一。500米口径球面射电望远镜（FAST，又称"天眼"）——全世界最具雄心的天文建设项目之一坐落于此，能让中国"看到"其他人从没见过的遥远太空。

这儿的地形，像是电影《指环王》里的场景，郁郁葱葱，山势绵延，大片的碗状山坳，像是巨大的陨石坑。人们可能会想，为什么选在这么偏远的一个地方来建设这么大型的项目？

过去几十年来，中国发生了快速转变。但有个领域中国起步得很晚，那就是宇宙奥秘探索。

1. 为"天眼"穿越一生

这是一次探险之旅，跟人们对一般望远镜惯有的印象不同，它记录的是无线电波而不是光波，它靠听而不是看。它能不受任何视觉上的阻碍，探测到更远地方的物体。望远镜越大，能发现的东西也就越多。

所有的设备，所有的零件，所有眼前的钢铁部件，都是从几千公里外运来的。

要造这样一台"望远镜"，它的选址一开始就需要考虑很多标准，由于不想挖走太多土和石头——那样花费就太大了，所以需要一个现存的天然坑洞。

这支团队花了十多年，来寻找完美的地点，他们需要一处天然的凹陷，一处恰好与望远镜反射镜形状吻合的天然洼地，而且还需要足够偏远，不受文明地区的电磁噪音干扰。

这是"天眼之父"南仁东生前最后一次接受采访，"FAST台址，大窝凼洼坑是我们从三百多个候选洼地里边挑选出来的。"它实际提供了一个极

中国"天眼"全景（欧东衢 摄）

端物理条件的太空实验室，下一步最艰巨的任务就是怎么使好这个科学的利器，使得它有产出回馈国家，回馈公众。

二十二载，8000 多个日夜，为了追逐梦想，500 米口径球面射电望远镜首席科学家、总工程师南仁东心无旁骛，在世界天文史上镌刻下新的高度。

2017 年 9 月 25 日，"天眼"落成启用一周年。可在此前 10 天，最懂"天眼"的人走了。"天眼"所在的大窝凼，星空似乎为之黯淡。

"'天眼'项目就像为南仁东而生，也燃烧了他最后 20 多年的人生。"

许多个万籁寂静的夜晚，南仁东曾仰望星空：我们是谁？我们从哪里来？茫茫宇宙中我们真是孤独的吗？

探索未知的宇宙——这个藏在无数人心底的梦，他用一生去追寻。

八字胡，牛仔裤，个子不高，嗓音浑厚。手往裤兜里一插，精神头十足的南仁东总是"特别有气场"。

寻找外星生命，在别人眼中"当不得真"，这位世界知名的天文学家，电脑里却存了好几个 G 的资料，能把专业人士说得着了迷。

2015 年，已经 70 岁的南仁东查出肺癌，动了第一次手术。家人让他住到郊区一个小院，养花遛狗，静养身体。

他的学生、国家天文台研究员苏彦去看他。一个秋日里，阳光很好，院子里花正盛开，苏彦宽慰他，终于可以过清闲日子了。往日里健谈的南仁东却呆坐着不吱声，过了半晌，才说了一句："像坐牢一样。"

自从建中国"天眼"的念头从心里长出来，南仁东就像上了弦一样。

1993 年的日本东京，国际无线电科学联盟大会在此召开。科学家们提出，在全球电波环境继续恶化之前，建造新一代射电望远镜，接收更多来自外太空的讯息。

南仁东坐不住了，一把推开同事房间的门：我们也建一个吧！

他如饥似渴地了解国际上的研究动态。

南仁东曾在日本国立天文台担任客座教授，享受世界级别的科研条件和薪水。

可他说：我得回国。

选址，论证，立项，建设。哪一步都不易。

有人告诉他，贵州的喀斯特洼地多，能选出性价比最高的"天眼"台址，南仁东跳上了从北京到贵州的火车。绿皮火车咣当咣当开了近 50 个小时，一趟一趟坐着，车轮不觉间滚过了 10 年。

1994 年到 2005 年，南仁东走遍了贵州大山里的上百个窝凼。乱石密布的喀斯特石山里，不少地方连路都没有，只能从石头缝间的灌木丛中，深一脚、浅一脚地挪过去。

时任贵州平塘县副县长的王佐培，负责联络望远镜选址，第一次见到这位"天文学家"，诧异他太能吃苦。

七八十度的陡坡，人就像挂在山腰间，要是抓不住石头和树枝，一不留神就摔下去了。王佐培说："他的眼睛里充满兴奋，像发现了新大陆。"

1998 年夏天，南仁东下窝凼时，偏偏怕什么来什么，瓢泼大雨从天而降。因为亲眼见过窝凼里的泥石流，山洪裹着砂石，连人带树都能一起冲走。南仁东往嘴里塞了救心丸，连滚带爬回到垭口。

"天眼"之艰，不只有选址。

这是一个涉及领域极其宽泛的大科学工程，天文学、力学、机械、结构、电子学、测量与控制、岩土……从纸面设计到建造运行，有着十万八千里的距离。

"天眼"之难，还有工程预算。

有那么几年时间，南仁东成了一名"推销员"，大会小会、中国外国，逢人就推销"天眼"项目。

"天眼"成了南仁东倾注心血的孩子。

他不再有时间打牌、唱歌，甚至东北人的"唠嗑"也扔了。他说话越来越开门见山，没事找他"唠嗑"的人，片刻就会被打发走。

审核"天眼"方案时，不懂岩土工程的南仁东，用了 1 个月时间埋头学习，对每一张图纸都仔细审核、反复计算。

即使到了 70 岁，他还在往工地上跑。中国电子科技集团公司第五十四研究所的邢成辉，曾在一个闷热的夏日午后撞见南仁东。为了一个地铆项目的误差，南仁东放下筷子就跑去工地，生怕技术人员的测量出了问题。

一个当初没有多少人看好的梦想，最终成为一个国家的骄傲。

"天眼"，看似一口"大锅"，却是世界上最大、最灵敏的单口径射电望远镜，可以接收到百亿光年外的电磁信号。

"20 多年来，他只做这一件事。"南仁东病逝消息传来，国家天文台原台长严俊把自己关在屋里哭了一场："天眼"项目就像为南仁东而生，也燃烧了他最后 20 多年的人生。

新中国成立 70 周年之际，南仁东被授予"人民科学家"国家荣誉称号。

2.做世界独一无二的项目

"天眼"曾是一个大胆到有些突兀的计划。20 世纪 90 年代初，中国最大的射电望远镜口径不到 30 米。

与美国寻找地外文明研究所的"凤凰"计划相比，口径 500 米的中国"天眼"，可将类太阳星巡视目标扩大至少 5 倍。

世界独一无二的项目，不仅是研究天文学，还将叩问人类、自然和宇宙亘古之谜。在不少人看来，这难道不是"空中楼阁"吗？

中国为什么不能做？南仁东放出"狂"言。

他骨子里不服输。20 世纪八九十年代出国开会时，他就会操着一口不算地道的英语跟欧美同行争辩，从天文专业到国际形势，有时候争得面红耳赤，完了又搂着肩膀一块儿去喝啤酒。

多年以后，他还经常用他那富有磁性的男中音说一个比喻：当年哥伦布建造巨大船队，得到的回报是满船金银香料和新大陆；但哥伦布计划出海的时候，伊莎贝拉女王不知道，哥伦布也不知道，未来会发现一片新大陆。

这是他念兹在兹的星空梦——中国"天眼"，FAST，这个缩写也正是"快"的意思。

"一个野心勃勃的计划。"国际同行这样评价。

"对他而言，中国需要这样一个望远镜，他扛起这个责任，就有了一种使命感。""天眼"工程副经理张蜀新与南仁东的接触越多，就越理解他。

"天眼"是一个庞大的系统工程，每个领域，专家都会提各种意见，南仁东必须作出决策。

没有哪个环节能"忽悠"他。这位"首席科学家""总工程师"，总是称自己是个"战术型的老工人"。在他眼中，知识没有国界，但国家要有知识。每个细节，南仁东都要百分百肯定的结果，如果没有解决，就一直盯着，任何瑕疵在他那里都过不了关。

工程伊始，要建一个水窖。施工方送来设计图纸，他迅速标出几处错误打了回去。施工方惊讶极了：这个搞天文的科学家怎么还懂土建？

一位外国天文杂志的记者采访他，他竟然给对方讲起了美学。

"天眼"总工艺师王启明说，科学要求精度，精度越高性能越好；可对工程建设来说，精度提高一点，施工难度可能成倍增加。南仁东要在两者之间求得平衡，不是一件容易的事。

外人送他的天才"帽子"，南仁东敬谢不敏。他有一次跟张蜀新说："你以为我是天生什么都懂吗？其实我每天都在学。"的确，在张蜀新记忆里，南仁东没有节假日的概念，每天都在琢磨各种事情。

2010 年，因为索网的疲劳问题，"天眼"经历了一场灾难性的风险。65 岁的南仁东寝食不安，天天在现场与技术人员沟通。工艺、材料，"天眼"的要求是现有国家标准的 20 倍以上，哪有现成技术可以依赖。南仁东亲自上阵，日夜奋战，700 多天，经历近百次失败，方才化险为夷。

因为这个"世界独一无二的项目"，他一直在跟自己较劲。

南仁东的性格里有股子"野劲"，想干的事一定要干成。

2014 年，"天眼"反射面单元即将吊装，年近七旬的南仁东坚持自己第一个上，亲自进行"小飞人"载人试验。

这个试验需要用简易装置把人吊起来，送到 6 米高的试验节点盘。在高空中无落脚之地，全程需手动操作，稍有不慎，就有可能摔下来。

从高空下来，南仁东的衣服被汗水浸透了，但他发现试验中的几个问题。

"他喜欢冒险。没有这种敢为人先的劲头，是不可能干成'天眼'项目的。"严俊说。

"天眼"现场有 6 个支撑铁塔，每个建好时，南仁东总是"第一个爬上去的人"。几十米高的圈梁建好了，他也要第一个走上去，甚至在圈梁上奔跑，开心得像个孩子。

如果把创造的冲动和探索的欲望比作"野"，南仁东无疑是"野"的。

在他看来，"天眼"建设不是由经济利益驱动，而是"来自人类的创造冲动和探索欲望"。他也时常告诉学生，科学探索不能太功利，只要去干，就会有意想不到的收获。

南仁东其实打小就"野"。他是学霸，当年吉林省的高考理科状元，考入清华大学无线电系。工作10年后，因为喜欢仰望苍穹，就"率性"报考了中科院读研究生，从此在天文领域"一发不可收拾"。

他的涉猎之广泛，学识之渊博，在单位是出了名的。曾有一个年轻人来参加人才招聘会，一进来就说自己外语学的是俄语。南仁东就用俄语问了他几个问题，小伙子愣住了，改口说自己还会日语。南仁东又用日语问了他一个问题，让小伙子目瞪口呆了半天。

即使是年轻时代在吉林通化无线电厂的那段艰苦岁月，南仁东也能苦中作乐，"野"出一番风采。

工厂开模具，他学会了冲压、钣金、热处理、电镀等"粗活"。土建、水利，他也样样都学。他甚至带领这个国企工厂的技术员与吉林大学合作，生产出我国第一代电子计算器。

20多年前，南仁东去荷兰访问，坐火车横穿西伯利亚，经苏联、东欧等国家。没想到，路途遥远，旅途还未过半，盘缠就不够了。

绘画达到专业水准的南仁东，用最后剩的一点钱到当地商店买了纸、笔，在路边摆摊给人家画素描人像，居然挣了一笔盘缠，顺利到达荷兰。

面容沧桑、皮肤黝黑，夏天穿着T恤衫、大裤衩。这位眼神犀利的科学家，对待世界却有着一颗柔软的心。

大窝凼附近所有的山头，南仁东都爬过。在工地现场，他经常饶有兴致地跟学生们介绍，这里原来是什么样，哪里有水井、哪里种着什么树，凼底原来住着哪几户人家。仿佛他自己曾是这里的"村民"。

"天眼"馈源支撑塔施工期间，南仁东得知施工工人都来自云南的贫困山区，家里都非常困难，便悄悄打电话给"天眼"工程现场工程师雷政，请他了解工人们的身高、腰围等情况。

当南仁东第二次来到工地时，随身带了一个大箱子。当晚他叫上雷政提着箱子一起去了工人的宿舍，打开箱子，都是为工人们量身买的T恤衫、休闲裤和鞋子。

南仁东说："这是我跟老伴去市场挑的，很便宜，大伙别嫌弃……"回来的路上，南仁东对雷政说，"他们都太不容易了"。

第一次去大窝凼，爬到垭口的时候，南仁东遇到了放学的孩子们。单薄的衣衫、可爱的笑容，触动了南仁东的心。

回到北京，南仁东就给县上干部张智勇寄来一封信。"打开信封，里面装着 500 元，南老师嘱托我，把钱给卡罗小学最贫困的孩子。他连着寄了四五年，资助了七八个学生。"张智勇说。

在学生们的眼中，南仁东就像是一个既严厉又和蔼的父亲。

2013 年，南仁东和他的助理姜鹏经常从北京跑到柳州做实验，有时几个月一连跑五六趟，目的是解决一个十年都未解决的难题。后来，这个问题终于解决了。

"我太高兴了，以致有些得意忘形了，当我第三次说'我太高兴了'时，他猛浇了我一盆冷水：高兴什么？你什么时候看到我开心过？我评上研究员也才高兴了两分钟。实际上，他是告诉我，作为科学工作者，一定要保持冷静。"姜鹏说。

即使在"天眼"工程竣工时，大家纷纷向南仁东表示祝贺，他依然很平静地说，大望远镜十分复杂，调试要达到最好的成效还有很长一段路。

2017 年 4 月底，南仁东的病情加重，进入人生倒计时阶段。

正在医院做一个脚部小手术的甘恒谦，突然在病房见到了拎着慰问品来看望自己的老师南仁东夫妇，这让他既惊讶又感动。

"我这个小病从来没有告诉南老师，他来医院前也没有打电话给我。他自己都病重成那样了，却还来看望我这个受小伤的学生。"甘恒谦内疚地说，医院的这次见面，竟成为师生两人的永别。

知识渊博、勇于发表观点的南仁东在国际上有许多"铁哥们"。每次见面，都是紧紧握手拥抱。有一个老科学家，在去世之前，还专门坐着轮椅飞到中国来看望南仁东。

不是院士，也没拿过什么大奖，但南仁东把一切看淡。一如病逝后，他的家属给国家天文台转达的他的遗愿：丧事从简，不举行追悼仪式。

"天眼"，就是他留下的遗产。

还有几句诗，他写给自己和这个世界：

> 美丽的宇宙太空以它的神秘和绚丽，
>
> 召唤我们踏过平庸，
>
> 进入它无垠的广袤。

3. 向宇宙更深处探索

宇宙到底有多大？这是人类秉承探索发现的天性不断追寻的问题。天文学的发展，是全人类认识宇宙的智慧结晶。

射电望远镜诞生以来，人类发现了近 3000 颗脉冲星，它们全部位于银河系内。而今，中国"天眼"在短短两年内已经新发现了百余颗脉冲星。科学家们将中国大射电首批观测目标锁定在直径 10 万光年的银河系边缘，希望依靠其超群的灵敏度，搜寻河外星系的脉冲星，在世界天文史上镌刻下新的刻度。

对老一辈天文学家来说，我国天文学长期落后，主要受制于望远镜设备。

1609 年，意大利科学家伽利略用自制的天文望远镜发现了月球表面高低不平的环形山，成为利用望远镜观测天体第一人。

第二次世界大战后，射电天文学方兴未艾，接连涌现类星体、脉冲星、星际分子和微波背景辐射四大天文发现，而我国在这一领域却长期处于空白状态。

走过蹒跚学步、仰望西方强国的阶段，近年来我国陆续建成 5 座射电望远镜，口径从 25 米到 65 米不等。不过，与美国的 305 米口径和德国 100 米口径射电望远镜相比，我们的射电望远镜观测能力还比较有限。

天文设备按国际惯例都是开放的，但国内外设备差距比较大，缺乏平等合作的基础，客观上使得中国人要独立申请使用国外望远镜比较困难。只有走自主研制之路，才可以扭转这一局面。

中国"天眼"——500 米口径球面射电望远镜建成，将为我国天文学跻身世界一流创造条件。

比如：发现气体星系有望在过去的基础上提高 10 倍；有望发现新的星际分子；发现更多脉冲星，从中遴选出脉冲信号稳定的星体，将来有望应用于空间飞行器导航领域——目前国内外相关研究都还处于概念阶段……

今天，天文领域讲究立体化作战，仅有 500 米口径球面射电望远镜还远远不够。大射电擅长的观测频率是中低频，而高频的亚毫米波、毫米波领域也需要更强的望远镜，才能形成比较完备的观测体系。此外，从某一点看宇宙，视野有限，望远镜要形成阵列才能发挥更强威力。

按计划，500 米口径球面射电望远镜将和我国其他 5 座射电望远镜组成"天眼"群——甚长基线干涉测量网，并主导国际射电领域的低频测量网，从而更好地获取天体超精细结构。

未来 5—10 年，我国大望远镜建设还将掀起新的浪潮。

中国 12 米光学红外望远镜已于"十三五"规划期间立项，有望在不久的将来启动建设。目前，我国最大的光学望远镜是位于云南丽江的 2.4 米光学望远镜，与国际上领先的西班牙 10.4 米光学望远镜、美国 10 米光学望远镜和日本 8 米光学望远镜等仍有较大差距。12 米光学红外望远镜建成后将为暗能量本质、引力波源光学认证和研究、太阳系外类地行星探测、超大质量黑洞、第一代恒星等前沿科学问题提供在国际上有竞争力的观测平台。

有红外望远镜，就有紫外望远镜和 X 射线望远镜，我国正计划把望远镜家族的基地拓展到空间领域。

随着我国空间站逐步具备维护在轨航天器功能，建造中国版"哈勃"太空望远镜的呼声也越来越高。立体化的望远镜集群，不仅将大幅提升我国在天文科学与技术方面的自主创新能力，还能广泛应用于导航、定位、航天、深空探测等领域。

天文学领域的技术看上去显得"高大上"，但实际上离我们的生活却很近：射电天文学家在研究中的副产品，成了今天每个人生活都离不开的

WIFI 技术的前身；天文学类地行星的研究，让我们有了与"来自星星的你"交流的灵感……

古有十年磨一剑，今有二十年"铸天镜"。国家加大对天文观测设施的投入，是综合国力提升的体现，也是工业制造水平的缩影。

自主创新的同时，我国还参与多个国际合作的望远镜项目，包括世界上正在研制的两套新一代巨型望远镜——30 米光学望远镜和平方公里阵射电望远镜。

30 米光学望远镜拼接主镜将具备 9 倍于当今最大望远镜的集光能力，图像分辨率也将比当前所能达到的最高分辨率高 3 倍。根据不同观测目标和方法，它的探测深度将是现有望远镜的 10—100 倍。

平方公里阵射电望远镜项目由两套先进的望远镜设备构成，一套是位于南部非洲的蝶形天线阵，另一套是位于澳大利亚的低频孔径阵列。蝶形天线阵由 200 面抛物面天线组成，看起来像"卫星锅盖"；低频孔径阵列由超过 10 万个偶极天线组成，看起来像"电视天线"。

它们将被科学家用来观测宇宙"黑暗时代"，并搜寻地外文明的蛛丝马迹。

先进的天文设施建起来了，还需要优秀的研究团队。

从孩子第一次抬头看到星星的那一刻起，天文学其实就在他们心里埋下了种子。人们期待，天文学激发更多的孩子观察星空、探索宇宙的兴趣。不断增强我们的科技创新力，拥有向宇宙更深处探索、实现前沿科学领域突破的信心。

在发现未知地带的征程中，中国"天文人"将不畏艰苦、不断创新，奏响探索宇宙的新畅想曲。

第二节　伶仃洋上的巨龙

汪洋、激流、绝壁、深渊……大自然赋予人类生命的同时，也在地球上布满挑战。

德国诗人布莱希特说，科学的唯一目的，在于减轻人类生存的艰辛。

桥梁不起则道路不通，科技不兴则桥梁难建。

5 年规划、9 年建设，前后历时 14 年，跨越伶仃洋，东接香港特别行政区，西连广东省珠海市和澳门特别行政区的港珠澳大桥，终于在 2018 年 10 月 23 日正式开通，成为迄今为止世界上最长跨海大桥，并被英国《卫报》誉为"新世界七大奇迹"之一。

1. 擎天跨海中国桥

400 米、600 米、800 米、1000 米……中国桥梁的跨径步步延伸，大跨径桥梁因"长、大、高、险"，成为大地上的新景观。无论是斜拉桥、悬索桥，还是拱桥、梁桥，中国的桥梁都在世界桥梁领域占据重要的一席之地。

从某种意义上说，桥梁既是一国实力的展示，也是一国文化的传承。

已有千年历史的赵州桥，不仅展示了当时发达的建筑水平和修造工艺，也留下脍炙人口的传说。

改革开放 40 多年来，我国现代桥梁建设走过了规模上从小到大、技术上从依赖外援到以自主创新为主的历程。

新中国刚刚成立不久，国家一穷二白、百废待兴。在江面宽阔、水流湍急的长江下游，还没有一座大桥，过江只能靠轮渡，轮渡班次从最初的每天 20 班次提高到后来的每天 100 班次，但仍无法满足运输量大增的需求，也给新中国建设和人民生活带来极大不便。

20 世纪 60 年代初，虽然面临国际国内种种困难，中国政府毅然决定，在长江南京段凭自己的力量跨越天堑。

然而，地势险要的长江南京段，要建桥谈何容易。这里水深浪急，江宽超 1000 米，最深处超 70 米。外国桥梁专家断言：此处"水深流急，不宜建桥"。

但中国人还是决定迎难而上。1960 年，大桥正式施工，面对深水激流、

港珠澳大桥（梁旭 摄）

复杂地质条件、自然灾害以及技术等多方面的困难，新中国的第一代桥梁建设者们，首次使用沉井法施工，桥梁结构钢生产全部实现国产化，历经 8 年时间，大桥终于竣工。

1968 年年底，南京长江大桥全面建成通车。这是我国第一座自主设计和建造并全部采用国产材料的特大型公路铁路两用桥，这座"争气桥"打破了当年外国专家"在长江南京段江面上不能建桥"的断言，开创了中国自力更生建设大型桥梁的新纪元。

随着江阴大桥、润扬大桥、东海大桥、卢浦大桥、南京长江三桥、杭州湾跨海大桥、苏通大桥、舟山大陆连岛工程跨海大桥、港珠澳大桥的陆续建成，中国桥梁的建设规模、跨径和技术难度不断飞跃巅峰，一座座气势磅礴、千姿百态的桥，向世界展示着中国跨度。

纵观世界桥梁建设史，20 世纪 70 年代以前要看欧美，90 年代看日本，而到了 21 世纪，则要看中国。这已是世界桥梁建筑领域公认的观点。

伶仃洋航道，是世界上最重要的贸易通道之一，每天有 4000 多艘船经过这里。

2018 年 10 月 23 日，港珠澳大桥开通仪式在广东珠海举行。碧波之上，一桥飞架香港、澳门、珠海三地，气贯长虹。

这座飞跃 55 公里、世界上最长的跨海大桥，有着世界首条海底深埋沉管隧道，两个面积为 10 万平方米的人工岛，承担着桥隧转换的功能。大桥集桥、岛、隧道为一体，建设规模庞大，施工环境复杂。

外界很难知晓，被称为"基础设施建设领域的珠穆朗玛峰"的港珠澳大桥，曾经历了建与不建的抉择，如何建、谁来建的屡次论争。在桥形与着陆点、口岸和融资安排的利益博弈中经历峰回路转。

胡应湘被认为是提出港珠澳大桥具体修建设想和计划的第一人。

作为改革开放后最早到内地投资的香港实业家之一，胡应湘自 20 世纪 80 年代起先后在珠三角投资兴建了广州中国大酒店、广深高速公路等多个标志性项目。早在 1983 年，他就提出了《兴建内伶仃洋大桥的设想》。

根据他的设想，从珠海东岸上建桥连接伶仃洋上的两个天然岛屿，再伸延至香港最西面的浅水区，可以最短距离连接到香港。

"当时内地方面对我这个方案非常感兴趣，但港英政府持反对意见。因此，伶仃洋大桥的方案就被搁置了。"胡应湘后来回忆，这是当时的一大憾事。

转眼到了 2003 年，国务院正式批准粤港澳三地政府开展港珠澳大桥前期工作。

2014 年前期工作协调小组办公室成立。时任广东省高速公路公司董事长的朱永灵被粤港澳三方任命为总负责人。

朱永灵开始招兵买马，笼络英才。一切都是从零开始，图纸设计、投融资方案、口岸查验模式论证、环评等都需要开展大量的专题论证。三地政策法规、管理体制、办事程序、技术标准、思维习惯等方面存在差异，每一项问题都要反复论证、反复协调。

由于融资问题久拖不决，前景一度十分迷茫。分歧一度甚于共识，"前期办"三方受气。

曾经有一个月，"前期办"整个 OA 系统没有一封需要处理的公文，电话也不响，这个机构仿佛在这个世界上消失了。为了增强团队凝聚力，办公室的工作人员就不定期分享各自近期工作经历和感受，时刻磨砺自己。

"山重水复疑无路，柳暗花明又一村。"2009 年 3 月，正在举行的全国两会上传来好消息：港珠澳大桥融资问题已经解决，年内一定开工。

2009 年 10 月，港珠澳大桥工程可行性报告获国务院批准，翌年港珠澳大桥管理局成立。以"建设世界级跨海通道、为用户提供优质服务、成为地标性建筑"为目标，历时 6 年前期研究，办公室共完成了 51 项专题研究报告。

至此，"前期办"作为一个临时机构完成了它的历史使命。

2.1.5 亿欧元的天价咨询费

这项"超级工程"的项目总经理、总工程师林鸣和"大桥"打了一辈子交道，港珠澳大桥是他 40 年职业生涯中"最难的挑战"。

跨越那么长的海域，需要建一个沉管隧道，同时必须要有岛进行转接。但在港珠澳大桥的设计线上，没有适合的岛进行转接。

在一次技术交流会上，林鸣的脑海里突然闪过一个大胆的构想——用大直径钢圆筒围成人工岛。他随即找到国内从事工程勘察设计的顶级专家，一步步沟通和打磨方案。

工程要确保质量、进度，也要兼顾环保标准，几轮分析比选之后，方案最终敲定：在上海生产大直径钢圆筒，运至珠海，然后用钢圆筒快速形成人工岛围护结构。

这个方案的优点在于，钢圆筒良好的稳定性和止水性将为后续工作提供一个稳定环境，同时也能大大缩减海上作业时间。

不过，海底隧道沉管安装是一个世界级的难题。自 20 世纪初美国建成第一条沉管隧道，由于需综合多项复合技术，实施难度非常大，因而到目前为止，全世界建成的沉管隧道不到 200 条，主要集中在美国、荷兰和日本。

中国沉管隧道建设的历史仅有 20 多年，而且规模都非常小。摆在港珠澳大桥岛隧工程项目总工程师林鸣面前的，几乎是一张白纸。

"即使起步是 0，往前走一步就会变成 1。"林鸣心中非常笃定。

他四处搜寻，只找到一本薄薄的《沉管隧道设计与施工》，书中只谈到浅埋隧道。他和团队跑到海外考察十余次，拿到的只是一张整平船的远景照片。才了解到当时世界上有两条超过三公里的沉管隧道，一条是欧洲的厄勒海峡隧道，已经建完，另一条在韩国釜山。

2007 年，林鸣带领考察团去韩国，他提出到当时是世界上最长的沉管隧道现场去看看，但对方没让靠近。原来这个工程安装的部分，全部是欧洲人提供的支持。每一节沉管安装的时候，都会有 56 位荷兰专家从阿姆斯特丹飞到釜山负责安装。

与荷兰一家享誉世界的公司谈合作，外方只允许他们在几百米外"匆匆看一眼"。洽谈安装合作时，几经谈判，对方最终同意提供沉管浮运安装施工技术咨询，但口一开就是 1.5 亿欧元的天价咨询费，并且仅仅提供咨询。

"1.5 亿欧元？"林鸣还以为听力出了问题。

"是的，1.5 亿欧元！"对方耸耸肩，无奈地摊摊手："你们中国没有能力做这件事，当然得接受这样的价格。"

在当时，1.5 亿欧元相当于 15 亿元人民币。

林鸣说："拿风险最大的这一部分合作，给一个价，3 亿元人民币谈一个框架行吗？"

荷兰高管耸耸肩，不屑地说："看来，我们只能给你们唱歌了。"

"唱什么歌？"林鸣问。

"我给你们唱首祈祷的歌。"

荷兰公司吃定：中国的技术不可能建成港珠澳大桥。

挑战重重，每一项都可能困住建设者们。港珠澳大桥的两个桥隧转换人工岛，每个面积达 10 万平方米，又远离海岸，软土层厚 30—50 米。用施工者的话来说，海床的泥土像嫩豆腐一样软。万一发生塌陷怎么办？

这项被称为沉管地基加固的新技术叫挤密砂桩技术，日本处于领先。对方甩话："船可以卖，但里面的控制系统不卖。中国要做工程，我们可以帮你们做。"

外国专家断言，中国人没有能力做这件事情。

难以承受的天价技术咨询费，世界领先的沉管隧道经验也无法照搬套用，林鸣不得不从零开始，自主攻关。带领团队挑战外海深埋沉管这一世界工程技术的难题，大家拭目以待，中国工程师行吗？

3. 桥梁界的"珠穆朗玛峰"

要做"第一"，就意味着没有先例可循。

核心技术买不回也求不来，中国人必须靠自己！

伶仃洋上航道密集、气象多变、海底环境复杂，施工面临极大挑战。为支撑大桥建设，我国将港珠澳大桥项目列入"十一五"国家科技支撑计划，围绕工程需求开展课题研究。

沉管隧道建设的技术研究，是整个科研攻关的重中之重。

林鸣和他的同事们创新性地提出"半刚性"沉管新结构，与国外专家提出的"深埋浅做"方案相比，节约预制工期一年半，节约投资超过10亿元，并且做到了沉管接头不漏水。

整个建造期间，大桥的工地与其说像一个施工场，不如说更像一个组装场。港珠澳大桥的所有构件，大到隧道沉管、钢桥箱梁，小到逃生门板、污水过滤盖，全部在岸上工厂预制，然后运至海上，像"搭积木"一样组装在一起。

海上组装可以降低海上恶劣气象条件对施工的干扰，降低对生态环境的破坏。岸上预制则令大型成套设备、先进生产工艺有了用武之地。

然而，这些巨型"积木"的搭建并没有说起来那么简单。高度达106米、重量超3000吨的钢塔在海上"空中转体90度"，再以高精度安装，国内外建桥史上前所未有。

每节海底隧道沉管长 180 米，重约 8 万吨，相当于一艘巨型航母的重量，在海底对接安放，难度堪比"走钢丝"。施工前后需要经过几百道工序，每一道工序都要做到零质量隐患；项目有上千个岗位，每一名施工人员都不能懈怠。

每次前往工地，林鸣都会在兜里揣一副白色手套，检查设备时，他会戴上白手套，摸一摸、擦一擦，确保设备维护到位了。

他还要求工地的机械设备不仅"常洗澡"，而且每星期"称体重"。如果"体重"上升了，那就说明机械内部清洗不到位，存有残渣。

林鸣经常对沉管隧道的建设团队说："我们就是'走钢丝'的人，而且我们走的是世界最长、行走难度最大的'钢丝'，任何环节都不能有丝毫的大意，必须拿着'显微镜'去走。"

2013 年，第一节沉管开始安装。一次，两次，都没有达到预定的精度要求。三天三夜过去了，施工人员的生理和心理都接近极限。

要不要先撤回来？"不，必须闯过去！"林鸣和同事们反复论证，决定搏到底。连续 96 个小时的鏖战，首节沉管成功安装！

2017 年 5 月，30 余节沉管已顺利安装，就等最后一节的接头合龙了。这也是整个挑战中最困难的部分。在全世界的瞩目下，沉管对接成功。

大家欢呼雀跃，可当林鸣得知最后的偏差值是 16 厘米时，他作出了出人意料的决定：重来一遍！

在许多人看来，在这样巨大的工程中，16 厘米的偏差值简直微乎其微，况且，海底隧道已经实现了结构安全。但林鸣不满意："原定目标是 5 厘米以内偏差，如果不调整的话，这会是我职业生涯中一个永远的偏差。"

他顶着压力，"逼"着大家，硬是在暗流汹涌的茫茫大海，重新吊起、对接，经过 42 小时的精调，把偏差值从 16 厘米降至不到 2.5 毫米。

"我们不想留下遗憾。"——这句话常挂在港珠澳大桥建设者的嘴上，也时刻体现在他们的行动上。

按照选址的条件，如果使用传统围堤筑岛工艺，两座人工岛需 3 年时间才可成岛，且将对海域环境造成严重影响。通过一系列开创性技术创新，港珠澳大桥岛隧工程首创"外海深插超大直径钢圆筒快速筑岛技术"，创造了 221 天建成两座人工岛的世界工程纪录，缩短工期超过 2 年，并实现了绿色施工。

万一发生火灾，能否确保沉管隧道内人员的安全？港珠澳大桥的建设者们经过反复选址，在福建漳州专门修建了 150 米长的"模拟"沉管隧道，用 3 年时间在此多次进行燃烧实验。大巴车、中巴车、小轿车，着火温度、烟雾流速、厚度……大量一手数据都是世界上首次获取的，帮助形成了港珠澳大桥沉管隧道防灾减灾的成套关键技术。

施工区域里有中华白海豚，这是国家一级保护动物。他们组建团队，300 多次出海跟踪，拍摄 30 多万张照片，对海域内 1000 多头白海豚进行了标识，并摸清白海豚生活习性，在施工时采取针对性保护措施。大桥施工期间，区域内白海豚数量不减反增。

位于港珠澳大桥中段的青州航道桥，索塔被精心设计为"中国结"的造型，尽管施工技术难度因此提升，但建设者们却以此寄托美好而深远的寓意。

这是一个堪称世界桥梁建设史上的巅峰之作：

世界上最长的跨海大桥；全球第一例集桥、岛、隧道为一体的跨海大桥；中国建设史上里程最长、投资最大、施工难度最高的跨海桥梁；海底隧道是当今世界上最长、埋深最深、综合技术难度最高的沉管隧道……

完成这样复杂艰难的超级工程，在 10 多年前是难以想象的。大桥的建设离不开我国整体装备水平、科研实力的全面提升。

这是一组值得铭记的数据：

快速成岛技术，创造了外海筑岛的速度纪录；120 年使用寿命，突破了国内工程"惯例"；最终接头安装精度达毫米级；专家组自 2003 年前期研究工作开始至今，港珠澳大桥共开展科研专题研究 134 项，累计投入近 6 亿元……

港珠澳大桥的影响已超越项目本身。多项工艺与装备在其他工程上得到了应用，取得了巨大的经济社会效益。随着桥梁工程"走出去"步伐的加快，我国形成了一系列工程建造的尖端标准。

第三节　车轮上的中国

高铁技术起源于日欧，如今中国却一马当先。

穿越塞北风区，翻过岭南山川，从重要城市之间的单线，到"八纵八横"蓝图徐徐展开。进入 21 世纪的第二个十年，轨道交通开始由中国高铁领跑。高铁不仅成为很多人出行的首选，同时也有力地促进经济社会发展。

从追赶到引领，从中国制造到中国标准，中国高铁走过了高效而辉煌的引进、消化、吸收、再创新之路。

从安卡拉到伊斯坦布尔，从莫斯科到喀山，从匈牙利到塞尔维亚……本土之外，中国高铁加速走向世界。

1. 京张铁路到京张高铁

一条路，见证世纪变迁。

八达岭长城脚下，古代中国的伟大工程与当代中国的创新标记在这里邂逅，被誉为中国铁路发展"集大成者"的京张高铁完成全线铺轨。

在同样的起点和终点，一百年前，中国人自行设计和建造的第一条铁路——京张铁路全线通车。一百年后，高速飞驰的"复兴号"将从长城正下方静静驶过。

作为我国铁路发展的标本，京张高铁连接着家国的记忆与梦想。

1909 年，京张铁路全线建成通车，时速 35 公里左右；如今的京张高铁，设计时速 350 公里。

从 35 公里到 350 公里，转眼过去 110 年。蜿蜒长城脚下的京张铁路，开启了世界智能高铁的先河。

青龙桥车站是中国铁路发展的"活化石"。人们来到这个车站，看到代表百年前"中国人光荣"的"人"字形铁路没有损毁、停运，感受到百年后代表"光荣"的京张高铁飞驰而过。

长城脚下，青山环抱的青龙桥车站静静伫立。这座始建于1908年的小站，曾因"人"字形铁路而闻名。

1825年，世界上第一条铁路在英国诞生。半个世纪后，中国也有了第一条铁路——淞沪铁路。截至京张铁路开工的1905年10月，中国大地上有16条铁路，但却都是由英国、美国、日本、法国、比利时人担任建设总工程师，就是没有一个中国人。

晚清政府提出京张铁路的修建计划后，西方列强为进一步控制我国北部争夺修建权，互不相让。

詹天佑，1878年考入美国耶鲁大学土木工程系，主修铁路工程，1881年回国。詹天佑主持修建京张铁路的消息一出，国外报纸竟然讥讽说："建京张铁路的中国工程师恐怕尚未出世呢！"

极大的压力扑面而来。詹天佑给恩师诺索布夫人写了一封信。信中说："所有的中国人和外国人都在密切注视着我的工作，如果我失败了，那就不仅是我个人的不幸，而且是所有中国工程师和中国人的不幸……"

"窃谓我国地大物博，而于一路之工，必须借重外人，引以为耻。"詹天佑后来在《京张铁路工程纪略》中写道。他把全部精力投入到努力工作中去，带着学生和工人，白天实地测量，晚上计算绘图，风餐露宿、夜以继日。既需开凿坚硬的岩石，又需修筑极长的山洞。

南口到八达岭之间的"关沟段"是京张铁路中地势最为陡峭的，短短20公里的路程，海拔却升高了600余米。这种地势难度之高世界罕见。

当时，火车想要通过八达岭，需要开凿一条2000多米的隧洞，但这是当时的施工技术、经费和时间所达不到的。詹天佑经过多方缜密的计算和勘测，大胆地采用了当时世界上最新式的"人"字形铁轨设计"以免坡度之陡""以减山洞之长"。他还用一前一后两个火车头推拉的方式，解决了南口和八达岭段的高度差。詹天佑采用国际通用的 1435 毫米标准轨距，进口英国等国家的钢轨，引进美国生产的马莱型蒸汽机车，引入了当时世界上最先进的火车连接方式——自动车钩。在沿线各站的指示标牌上，还用英文作了标注，目的就是服务世界人民。

1909 年 10 月 2 日，由中国人修建的第一条铁路——京张铁路举行通车典礼。伴随着蒸汽机车的鸣叫，一个危难中的伟大民族在屈辱中发出了一声扬眉吐气的呐喊。

没有新式的开山机、通风机和抽水机，只靠中国工人的双手完成了壮举。京张铁路仅用了 4 年的时间就建成通车，比预定计划提前了两年，节省了白银 29 万两。

1919 年 4 月，詹天佑因疲劳过度，旧日腹疾复发。在去世前身体极度虚弱的情况下，他的临终遗嘱语不及私，留下了"振兴工程、兴国阜民"的遗言。

路兴国才兴。在书信中，詹天佑曾写道："修此铁路，纵有千难万难，也不会半途而废，为夷国耻笑……所幸我的生命，能化成匍匐在华夏大地上的一根铁轨，也算是我坎坷人生中的莫大幸事了。"

转眼百余年。

2019 年 6 月 12 日，铺轨历时 7 个月后，被誉为中国铁路发展的"集大成者"的智能高铁示范工程的京张高铁完成全线铺轨，连接起了 2022 年北京冬奥会的两个举办地——北京和张家口。

作为老京张铁路的"升级版"，京张高铁的贯通标志着中国铁路的飞跃。

智能化是京张高铁的最大亮点。基于北斗卫星和地理信息系统技术，京张高铁能够高精度地定位，为建设、运营、调度、维护、应急等全流程提供细致的智能化服务。

一代代铁路人接续奋战，实现了从自主建设铁路到创下多项"世界之最"的跨越。

整条高铁全长 174 公里，是我国第一条高寒、大风地区设计时速达 350 公里的有砟轨道高铁，列车从北京北站驶出后便"钻"入地下，通过清华园隧道一路向北，穿越居庸关长城、水关长城、八达岭长城，跨越官厅水库，最终抵达河北张家口。

长城站位于八达岭长城的地下 102 米处，整个地下建筑面积约 3.6 万平方米，相当于 6 个足球场，埋深与规模在全球的地下车站中均居榜首。

这个车站不仅地理位置特殊，地质条件也十分复杂。78 个大小洞室，交叉密集，穿越了断层破碎带和风化槽，施工时若稍有不慎就会造成塌方，并将对长城造成灾难性的影响。

施工方为此创新出预应力锚杆上下张拉支护法，对隧道内抽出的大量涌水使用了最先进的污水处理系统，以及智能衬砌养护台车等新技术。工程师每天要在八达岭长城站隧道里来回巡查 5 遍。施工现场洞室交错，犹如迷宫，每一遍巡查至少需要一个半小时，一天下来，走的路程接近 20 公里。

由于隧道连续穿越八达岭长城等重要风景名胜区，环境、文物保护要求极其严格，施工地表要达到"零沉降"。为减少工程建设对文物与隧道围岩的影响，建设者采用了我国自主研发的电子雷管微损伤控制爆破技术。

整个工程共有 2000 多个爆破点，最多时一天要进行 120 多次爆破。但采用最新技术后，爆破震动速度控制在了每秒 2 毫米以内，每爆破一次产生的震动，只相当于在长城上踩一下脚。

铁路的延伸与演化，一点一滴记录着新中国成立 70 年的跨越式发展。

回望历史，为了填补大西南的铁路空白，1950 年 6 月，新生的人民共和国开始修建成渝铁路。

这里崇山峻岭、交通不便，早在百年前，四川人民就期盼能够在此修建铁路。由于铁路所需的原材料十分匮乏，上级部门决定"自力更生、就地取材"，钢轨靠自己轧制，炸药用土法自制，甚至做枕木的部分木材也是由沿线群众自发提供的。经过 3 万多名解放军和 10 万名民工艰苦卓绝的奋斗，1952 年 6 月，成渝铁路竣工。

1975 年第一条电气化铁路——宝成铁路建成，则结束了"蜀道难，难于上青天"的历史。

2006 年，青藏铁路的开通成为"世界屋脊"发展的引擎。

进入新时代，"交通强国、铁路先行"。从"四纵四横"迈向"八纵八横"，中国正在建成世界上最现代化的铁路网。

2. 越跑越快的"高铁大国"

车轮上的中国跑得越来越快，是中国变化的一面镜子。

百废待兴的新中国需要新的火车头！1952 年，解放型蒸汽机车诞生，翻开了新中国蒸汽机车制造史的新篇章。

那时的火车全是蒸汽机车，靠烧煤运行。10 多斤重的平板锹，每 3 秒一锹煤，一个小时下来司机们腰酸背疼，两天下来就累得站不起来。

从"解放"到"建设"型蒸汽机车，从"东风"型内燃机车到"韶山"型电力机车，再到"和谐号"动车组，直至今日的"复兴号"中国标准动车组……机车型号的命名打上了深刻的时代烙印，见证着中国铁路不平凡的历史传承。

20 世纪 80 年代，内燃机车在我国被广泛使用，不管是老铁路职工还是火车迷，都懂得这样一句话，"哪里有铁路，哪里就有东风 4"。

东风 4 型内燃机车是中国第二代内燃机车的首型机车，也是中国首次设计研制的交—直流电传动内燃机车。1974 年大批量生产后，它就同时担当着客运和货运任务，成为很长一段时间里我国铁路运输的主力。

不过，此时我国铁路旅客列车的平均技术时速为 54 公里，仅为目前"复兴号"运营时速的 15%。不仅行驶慢，而且舒适度差，在车厢里抽烟再稀松平常不过，环境嘈杂、气味令人掩鼻。

20 世纪 90 年代，中国旅客列车最高运行时速增长至 80 公里到 110 公里之间。1994 年起，25G 型空调客车开始大规模生产并陆续替换原有的非空调列车。从那时起，火车车厢变得冬暖夏凉，漫漫旅途终于不再是一种煎熬。

历史的时针拨至 2003 年，当时，我国政府决定引进国外先进技术，"消化吸收"打造自己的高速铁路，却引来一片对中国高铁创新能力的质疑声。然而，我们最终闯出了一条以低成本引进先进技术平台，打破政府、行业、院校、企业界限联合研发关键技术，升级打造自主技术平台，从而实现"中国高铁中国造"的创新之路。

2018 年，时速 350 公里的 16 辆长编组复兴号动车组在京沪高铁上投入运营，不久又在时速 350 公里条件下实现自动驾驶。

84% 的中国标准、50% 的寿命提升、17% 的人均能耗下降……"中国血统"的"复兴号"亮相，标志着中国高铁在技术创新、制造升级等方面取得突破性进展，并将成为中国高铁"走出去"的主力军。

一台牵引变流器，是"复兴号"的心脏，其中有 1152 个 IGBT 芯片，这种能让高铁平稳运行的芯片，三十多年来一直被少数制造强国垄断。中国高铁的研发，至少拉动着 30 万家零部件企业的发展，中国标准的意义，就在于每一项核心突破，拉动的都是整个体系的升级。

预计到 2030 年中国高铁将达到 4.5 万公里，比绕地球赤道一周还要长。

中国高铁从无到有，从埋头学习到超越引领，每一步跨越都标刻着中国制造的新高度，也见证着中国经济发展动能的转换。

而今，高铁遇见"人工智能"，科技感十足的智能高铁正加速驶来。人均能耗比"和谐号"降低 17%、84% 的技术标准按照中国标准生产、1000多项发明专利构成技术体系，目前我国在高铁领域的研究正驶入创新的"无人区"。

随着近些年我国高铁技术的发展，高铁网的延伸让中国城市互相连接。

摊开中国地图，可以看到，纵向的京广、京沪高铁把环渤海经济圈、长三角城市群、中原经济区、武汉城市圈、长株潭城市群、珠三角经济圈六大经济区紧密联系在了一起，最远的城市之间也不过 8 个小时左右即可到达，越来越多的省份填补了"高铁空白"。

高铁线路串联形成的旅游圈，让频繁的一日游、周末游成为可能。旅客从上海出发，1 小时已在西湖漫步，2 小时到宁波观海，3 小时可至黄山看美景。

不仅激发出行需求，高铁还带来更多"红利"。曾经"天无三日晴，地无三里平"的贵州在开通黔粤、黔湘、黔渝高铁线路后，区位环境大为改善，贫穷落后的面貌有了根本性改变。类似这样靠"高铁红利"走上脱贫攻坚"快车道"的案例，全国还有不少。

而与高铁配套的全新车站，更像是个小机场，而非传统意义上的普通火车站。这些通常坐落在城郊或是卫星城内的高铁站，逐步成为拉动城市周边欠发达地区发展的新增长点，有的因此成为名副其实的交通枢纽。以虹桥为例，它不只是上海，也是周边省份的交通中心，那里既有国际机场，又是高铁、普通铁路及上海地铁的车站。

3."后发先至"的样板

穿越历史的回声，这是梦想与创新的时代交响。

1865 年，中国第一条铁路在北京城外诞生。这是一条由英国人修造、长约千米的小铁路，当试行小火车时，却被人视为喧哗的"怪物"，被清政府一拆了之。

当开眼看世界，清醒的中国人不再把铁路和火车当作洪水猛兽，而视之为奔向强国之路的利器。

新中国成立后，中国的铁路越来越多，车越跑越快。锐意进取的中国人从来没有停止过轨道上的脚步。

从没窗户、咣咣响的"闷罐车"到有空调、软沙发的"和谐号"，再到无线上网、智能控制的"复兴号"，新中国成立 70 年来，中国铁路实现了从"追赶者"到"领跑者"的转身。

近些年来，一种说法得到越来越广泛的认可：高铁始于日本，发展于欧洲，格局大变于中国。

1964 年，日本东海道新干线开通运营。这是世界上第一条商业运营的高铁，不再以火车头牵引，而是给每节车厢都安装了驱动装置。至今，日本的新干线时速在 240 公里到 320 公里之间。

1981 年，巴黎至里昂的高铁线路开通运营，这是欧洲第一条高速铁路。截至 2014 年，法国高铁线路总长度为 2037 公里，列车最快运行时速可达 320 公里。

德国也在发展高铁。1991 年，德国首列高铁列车在汉诺威到维尔茨堡的线路上运行。目前，德国高铁最高时速可达 330 公里。

对于日欧而言，中国高铁显然是后来者，面对来自世界各国的惊叹、不解、怀疑甚至"嫉妒"——从没有 1 公里到成为"高铁大国"，中国怎么一下子就跑到了世界前头了？

如果对比英国的高铁规划，一期工程工期就达 11 年，高铁的"中国速度"的确不可思议。不可思议的速度背后，是一群同样不可思议的"高铁人"。

赵红卫，中国铁道科学研究院首席工程师，曾参与西门子高铁技术引进谈判。谈判期间，她曾带德方谈判组考察中国的一个实验室，里面真正有技术含量的，只有一个蒙着塑料布的变流器，上面还落满灰尘。

这是直接而深刻的刺激，让赵红卫暗下决心，一定要在高铁上镌刻下"中国创新"的印记。

从拿着国外图纸打造"舶来品"，到基于原有技术平台再创新出"混血儿"，再到自主设计制造出满足国情需求的"中国血统"高速动车组，十几年后，我国可以自豪地宣布，高铁的四大关键技术，即轮轨、气动外形、结构安全、牵引传动系统，中国不仅全部掌握，而且都有独到之处。

梁建英，中车青岛四方机车车辆股份有限公司总工程师，高高的个子、眉宇间的英气，让她在一众须眉中也分毫不让。

她带领的团队，成功突破了空气动力学、系统集成、车体、转向架等关键技术，分别设计出国内首列时速 300—350 公里的动车组和时速达 380 公里、位居当时世界第一的动车组。

一列动车组，零部件数十万个，这是一个复杂的系统工程。时速提升10%，就意味着需要跨越无数道的高难度技术门槛。高铁"第一速"的背后，多少艰难和付出，只有"高铁人"自己知道。

为拿出性能最佳的车头，他们设计了 46 个概念头型，最终方案出炉时，车头数据打印用的 A4 纸足足堆了 1 米多高。

"复兴号"在全国各地进行线路试验的一年半时间里，梁建英团队保持着一个习惯：凌晨 4 点开始整备，白天跟车试验十余个小时，晚上整理当天试验数据、制定第二天的试验方案，每天休息时间不超过 5 小时。

最热的时候，车厢里高达四五十摄氏度；最冷的时候，试验现场仅有零下二十多摄氏度。历经艰苦攻关，整车阻力降低 12%，噪音降低 4 分贝至 6分贝，平稳性指标达到优级……

可别小看噪音指标的微弱降低。在有限的空间和重量的约束下，哪怕降低 1 分贝，也是极大的技术难题。为此，梁建英团队光是对不同材料和结构的隔音试验就做了 3000 多次。

收获胜利果实的瞬间，所有的苦都酿出了蜜。

2017 年，全面优化的"复兴号"动车组问世。飞驰的高铁上，倒上满满一杯水，高铁时速迅速攀升，每小时 200 公里、每小时 300 公里、每小时380 公里甚至更高，但杯子里的水不会洒出一滴。

一项项先进的指标，标注了中国高速列车的新高度。在梁建英看来，广袤的国土、巨大的客流量、复杂的地貌、国家的支持，如果"高铁人"不做到世界最好，就对不起这个国家和时代。

20 世纪 90 年代初启动高铁研究，新旧世纪之交经历了"原始积累"阶段，2004—2008 年主要是技术引进、消化、吸收以及自主提升，到 2008 年以后开始全面自主创新……

很多高铁专家都有这样的感受：原来跟外国同行是单向学习，现在是相互学习，与任何竞争对手相比，中国已不逊色，在高铁技术领域树立起了自己的标准。

"中国标准"，简简单单四个字，背后却有着不同寻常的分量。

曾经，因为引进不同国家的高铁技术，一些"和谐号"车型基于不同平台研发而来，标准不统一，不能互联互通，难以互为备用，提高了运营和维修成本。

在别人的平台上"修修补补"，始终受到约束。中国高铁的研究者们给自己树立了目标：一个完全自主知识产权的动车组，从"大脑"到"心脏"，从硬件到软件，都应该掌握在我们自己手里，技术上不受制于人。

经过创造性的技术引进、消化、吸收和自主创新，经过多年成网运行，中国高速列车已"久经沙场"，既无惧大漠狂风，也适应高寒高热。拥有多个"世界第一"头衔的中国高铁成为"后发先至"的样板。

步履不停，再攀高峰。世界首条新建高寒高铁——哈大高铁正式开通，世界单条运营里程最长高铁——京广高铁全线贯通，世界上一次性建成里程最长高铁——兰新高铁投入运营……中国高铁不断传来技术创新的好消息。

如今，我国高铁已累计运输旅客突破 90 亿人次，高铁性能的安全可靠和运输效率世界领先。

以"复兴号"为基础研制的智能化动车组，采用我国自主研发的北斗卫星导航系统，在全球首次实现了时速 350 公里自动驾驶，将用于不久后开通的京张高铁。我国又投入到时速 600 公里高速磁浮列车的攻关。相信在不久的将来，拥有更多自主知识产权的中国高速列车将飞驰在世界的最前沿。

2030 年，一个"八纵八横"，总规模约 4.5 万公里的高速铁路网将彰显中国铁路建设的新骄傲。

浩瀚的历史长河中，创新决定着文明走向。中国高铁走过的路是一条创新之路，更是一条自信之路。

放眼神州大地，中国桥、中国路、中国港、中国车、中国楼……一个个奇迹般的工程，编织起人民走向美好的希望版图，托举起中华民族伟大复兴的中国梦。

第四节　核电"走出去"

小小原子核中潜藏着的巨大能量，不光能用来造原子弹、氢弹，如果利用得好，也可以为人类提供源源不竭的清洁能源，为全球碳减排作出重要贡献。

自1951年美国首次利用核能发电以来，核电目前占世界总发电量超过10%，已经成为火电、水电之外的第三大电力支柱。

1956年，新中国制定原子能发展规划，在研制原子弹的同时，明确提出："利用原子能发电，在有条件的时候我们也要开发，组成综合的能源电力系统"。

但是，建核电站并不比研制原子弹简单多少。

二者的原理本质上一样，简单来说，都是先用一个中子打到一个铀原子核上，引起后者裂变，分裂成两个更小的原子核，同时释放出中子；这些释放出的中子，再去轰击其他铀原子核，就会不断引发连锁反应。如果这个连锁反应发生的时间短、不受控，就是原子弹爆炸；如果反应速度相对缓慢、可控，就成了核反应堆中的"燃料"。

由于人、财、物各方面资源有限，新中国集中了主要力量研制原子弹、氢弹，在短短时间内取得巨大成功，为中华民族屹立在世界东方提供了底气。与此同时，中国核电站的技术与世界先进水平却还有很大距离。30多年前，当筹建秦山、大亚湾两个核电站时，面对巨大的技术落差，中国核电人常常需要身段柔软，向外国工程师虚心求教。那时的核电技术人员中流传着一句话："低头要有勇气，抬头要靠实力。"

三十年河东，三十年河西。到了2018年，针对西方某大国政府对中国核电行业的"禁令"，中国核电平静地"官宣"："华龙一号"属于中国自主化知识产权的三代核电技术，设备国产化率超过85%……此次禁令不会对"华龙一号"的建设产生影响。

看似云淡风轻的回应，背后折射的是中国核电从无到有、从弱到强的发展史，也彰显了一代代中国核电人付出青春、咬牙苦干的奋斗历程。

1."解决华东用电要靠核电站"

1971 年，正在湖北乡下"五七干校"养猪的欧阳予突然接到一份紧急通知，要求他即刻回京待命。欧阳予早年就读于苏联莫斯科动力学院热工控制与自动化专业，是中国第一座军用核反应堆的总设计师，曾在现场见证了中国第一颗氢弹的成功试验。

回京之后，他很快被派往上海，被任命为上海核工程研究设计院总工程师，全面负责核电站的研究设计工作。事后他才知道，1971 年春节前，上海市领导到中央汇报：上海的许多工厂由于缺电轮流停产，对国民经济造成很大影响。

人口占全国近三分之一、工业产值占全国约 40%，以上海为代表的华东地区却缺煤少油。如果总依赖华北的煤炭发电，运力的矛盾长期无法解决；如果依靠西南的水力发电，又"远水解不了近渴"……为此，周恩来总理作出指示：从长远看，解决上海和华东地区的用电问题，要靠核电。

经过大量的查阅资料、刻苦钻研、调研论证，欧阳予在 1974 年周总理主持的中央关于核工业的专门委员会会议上，汇报了自行设计建造一座 30 万千瓦压水堆核电站的方案。

苏联建造的第一座核电站是 5000 千瓦，美国是 9 万千瓦。上马 30 万千瓦，可以让起步晚的中国站到更高起点上，但欧阳予也无疑给自己肩头加了一副前所未有的重担。

可借鉴的公开资料极少，所有的技术资料、科研数据和设备制造样件几乎都要从零开始……困难多得不计其数。1979 年，美国三里岛核电站发生了堆芯熔毁的严重事故，世界上随即掀起了一阵反对修建核电站的旋风，秦山工程也受到了这阵旋风的冲击。有人质疑建设核电站的必要性，有人提出要引进国外的核电技术。

尤其是围绕"引进"还是"自主"，争论持久且激烈。原核工业部副部长赵宏回忆："有的说，我们基础比较差、经验少，应该成套引进国外先进的核电站，然后消化吸收；也有的说，要利用我们自己核工业的基础来搞核发电。"

欧阳予坚持自主建设的路线："边干边学，建成学会；白天工作，晚上攻关。"凭着极顽强的毅力，他带领的团队在全国几十个科研设计单位、高校和工厂的大力协同下，经过 8 年埋头苦干，将关键技术问题一一攻破。

技术难题解决了，可以实现核发电，但设备仍是一块短板。核电站由大约 200 多个系统组成，大小设备 3 万件（台），仪表、控制屏台、机柜将近 1.8 万件（套），阀门约 17 万个。如此众多的设备、部件，如何一一设计和制造？

上级部门抽调了一批技术专家，从原子弹试验现场返回上海，专门研究核电站的安全系统和保护系统。他们的工作，由绝密的军事任务转变为服务国家经济建设，要求就四个字：万无一失。

核燃料元件中心部分，温度最高可达上万摄氏度，如何冷却降温，确保冷却系统不出问题？一支团队整整用了 6 年时间进行相关科研。最终，核电站采用国际上公认安全的压水反应堆，采用厚厚的钢筋混凝土安全壳，内衬密封钢板，即使反应堆出事故，安全壳也能将放射性物质包容起来，防止放射性物质向环境泄漏。

国内几十家科研、设计、制造单位历经多次研讨，最后拟定了数十项旨在提高装备制造能力的技术攻关项目。正是这些项目，奠定了中国未来核电装备制造的根基。

1982 年，浙江秦山获批成为我国首座核电站的地址，并很快进入工程设计、设备研制和前期建设阶段。

一座并不巍峨的小山丘，面对着潮起潮落的杭州湾，历史记载，当年秦始皇曾在这里"登以望东海"，山丘因而得名"秦山"。这里位于长三角的核心区域，距离上海、杭州、苏州、宁波的距离都在 100 公里左右。

又历经了 9 年艰苦卓绝的奋战，凝聚着无数人心血、智慧和汗水的秦山核电站——我国第一座自行设计建造的核电站，装机容量达到 30 万千瓦、设计年发电量 17 亿千瓦时——终于在 1991 年年底成功并网发电。

尽管功率不算领先，但这座核电站完全由中国自行设计和建造，设备国产化率达到 70%。自此，我国成了继美、苏、英、法等国之后，世界上第 7 个能够设计建造核电站的国家。

2. "双星" 闪耀

1978 年，从"文化大革命"中走出的中国，再一次打开大门。

这年 5 月，时任国务院副总理谷牧率队前往西欧五国考察访问。这是新中国成立以来，向西方国家派出的第一个政府经济代表团。时任广东省常务副省长的王全国也在这支队伍中。

法国的核电站也是考察点之一。现代化的设施，巨大的电力输出能力，给王全国留下深刻印象。中国能不能引进？广东能不能也建一个？这个念头自然而然就冒了出来。

此时的中国，不仅缺电，而且更缺钱。引进一个核电站的成本在 40 亿美元左右，而 1978 年的全国外汇储备总共不到两个亿。

怎么办？王全国想出了一个"借钱买鸡、借鸡生蛋、卖蛋还钱"的主意。他充分发挥特区的政策优势，拉上香港的主要电力供应商之一——香港中华电力公司，双方共同出资 10%，剩下的 90% 向国外贷款，发电大部分卖给同样电力紧缺的香港，换取外汇后还贷。

这是一个双赢的方案，一旦通过，也将成为当时中国最大的外资项目。不过，也因如此，一度引起议论，甚至有人上纲上线。王全国带领广东的同志反复做工作，甚至说："如果中央批准了这个项目，我愿意辞去职务，专干核电站。"①

---

① 韩维正：《中国核电 40 年：低头有勇气，抬头靠实力》，《人民日报》海外版 2018 年 11 月 16 日。

经过反复论证，1982 年年底，国务院正式决定在广东大亚湾建设核电站，引进法国较为先进的 90 万千瓦压水反应堆。5 年后，大亚湾核电站一号机组开工建设，1994 年建成投入商业运行。

秦山、大亚湾，"双星"闪耀。不过在当时，却差点陷入了"有你无我"的博弈。这段历史，一定程度折射出了中国改革开放中"摸着石头过河"的曲折探索。

20 世纪 80 年代初的一次国务院常务会议上，由于要引进大亚湾核电站，不少人建议"下马"我国自主设计的秦山核电站项目，理由是"技术落后""功率太小""避免浪费"，但时任国务院副总理的张爱萍将军坚决不同意。

张爱萍长期领导我国国防科技工业，深知自主创新的重要性。他在会上表示：大亚湾是引进，秦山是自己干，引进和自己干并不排斥。即使引进，自己搞过，谈判时，地位就大不一样了。同时也有利于消化……把鼻子拴在外国人身上，肯定是不行的。①

在张爱萍等人的力主下，中央决定，秦山核电站与大亚湾核电站一起开建，"两条腿走路"。

即便在数十年后的今天，我们仍能深切感受到张爱萍等时任国防科技负责人长远、独到的战略眼光。"自主创新"与"引进、消化、吸收"非但不矛盾，而且通常能起到相辅相成的作用。这在秦山核电站的后期发展中尤其有所体现。

1996 年，秦山二期工程动工建设。这是中国大陆首次自行建造商用堆核电机组，期望以此走出一条核电国产化、自主化、标准化之路。

核电站大型关键设备的制造，依然是巨大的"拦路虎"。例如，核电站最核心的设备之一压力容器，是安置核反应堆并承受巨大压力的密闭容器，

---

① 张胜：《从战争中走来 两代军人的对话》（修订版），生活·读书·新知三联书店 2013 年版，第 501 页。

当时还不得不从法国、日本引进。

如果关键设备不能自主制造，核电发展自主化就是空谈。通过此前多年的引进、消化、吸收以及在此基础上的自主创新，秦山二期在整个建造工程中成功实现了设计、建造、管理和运行的全面自主化。

随着大型关键设备的国产化，秦山二期工程的国产化率达到55%。

如果说秦山一期30万千瓦核电工程实现了中国大陆核电"零"的突破，秦山二期60万千瓦核电工程实现了中国自主建设大型商用核电站的重大跨越，那么，秦山三期工程让中国的能源保障更加稳固，也为中国装备"走出去"奠定了良好基础。

2014—2015年，方家山核电工程1号、2号机组相继实现并网发电。拥有9台运行机组、总装机容量656.4万千瓦的秦山核电基地，无论核电机组数量、总装机容量，还是反应堆堆型，在国内都是首屈一指的。

如今，秦山核电基地的年发电量已经超过500亿千瓦时，相当于20个中型火力发电厂的总和，可以供给上海地区全年用电量的三分之一。中国的核电历程发生着一系列"核裂变"反应，不断释放出巨大的能量。

秦山与大亚湾，一个自力更生，一个引进吸收，两条路线相辅相成、殊途同归，中国核电事业从此起步。中核集团科技委原副主任郑庆云曾形象地把秦山和大亚湾比作中国核电的"种子、摇篮、老母鸡"。正是分别在这两座核电站的基础上，中国核电锻造出了两支主力军——中核集团与中广核集团。

3."华龙一号"如何炼成

继秦山、大亚湾之后，中国"核电人"走上了一面向外学、一面练内功的"升级"之路。

熟悉核电历史的老人，会向后辈讲述一个"黄金人"的故事：为了取回现代核电站管理、运营技术的"真经"，中广核集团当年"勒紧裤腰带"筹集了资金，选出100多名年轻人送往欧洲学习。由于平均每人花费100多万法郎，在当时可买数十公斤黄金，因而，这批学员被称为"黄金人"。

在不同的岗位上，一个学员跟一个师傅，师傅走到哪里，学员就跟到哪里。在这样的"影子培训"中，学员们用外语记笔记、写报告，每两周考核一次，若成绩两次不合格就会被淘汰。

一批高质量人才培养出来了，一代核电技术吸收消化了，2013 年前后，中核、中广核分别开发出了拥有自主知识产权的三代核电技术。两个型号都是百万千瓦级的机组，技术性能与安全性能都已超越它们当年的法国老师。

虽然两家企业都取得了骄人成果，但长期以来中国核电技术路线的不统一，始终是一个问题。能不能强强联手，把技术和人才进一步集中起来，以更精干的体态到国际市场去搏击呢？

在国家能源局的协调下，两家企业决定将三代核电技术进行融合。尽管堆芯、汽轮机、安全系统等多种技术指标存在较大差异，两家企业仍最大程度结合了各自的特点优势，堆芯采用中核的方案，专设安全系统则采用中广核的方案。对外，双方统一使用同一个品牌。

"华龙一号"由此诞生！这是中国唯一具有完整自主知识产权的三代核电品牌，同时也适应了全球对核电安全的最新要求。

福建省福清市，岐尾山，被称为"核岛"的巨型建筑物坐落在东海之滨。这里有着"华龙一号"全球首堆示范工程。

"华龙一号"总设计师邢继对着前往参观的媒体介绍，"华龙一号"突出的技术特点，就是充分吸收了福岛核事故的经验反馈，从构筑纵深防御体系上下功夫，特别是针对超设计基准事故或严重事故的情况，采取了更加完善的预防和缓解措施。

55 岁的邢继，瘦高、儒雅，他参与了我国近 30 年间所有核电站的建设。

1987 年，从哈尔滨船舶工程学院核动力装置专业毕业后，邢继被分配到北京核工业第二研究设计院。3 年后，他被派去建设大亚湾核电站，这是他人生第一次见到真正的核电站。

20世纪末，当国家提出百万千瓦级核电要实现完全自主化的方向时，邢继和他的团队创造性地提出了"双层安全壳"等技术方案，一点点搭出了后来"华龙一号"的框架。

经历了秦山二期核电站、岭澳二期核电站等我国自主设计核电站的建设后，建造世界先进水平的三代核电站，成为邢继内心孜孜以求的梦想。

日本福岛核事故的发生，给"华龙一号"示范工程按下了暂停键。为吸取事故教训，国际上要求三代核电要满足高于常规8级抗震能力的设计。中国自主的核电站应该在安全上有更高的目标。

按照"纵深防御"的设计原则，邢继带领的团队提出"华龙一号"在"177组堆芯"概念基础上，增加了"能动与非能动"双保险等安全措施，可有效应对动力源丧失的极端情况。

"核电站建设的一半投资不是用来发电，而是用来保证安全。"邢继这样说，核电安全至关重要，稍有差池便是"一失万无"，如果没有较真的精神，就不可能有现在的"华龙一号"。

正是凭借良好的安全性与超高的性价比，"华龙一号"出口到巴基斯坦，打入老牌核电强国英国的市场，成为继高铁之后又一张亮丽的中国名片。

如果说"华龙一号"让中国拥有能与世界主流三代核电技术"并跑"的商业产品，那么由清华大学核能与新能源技术研究院负责的高温气冷堆建设，则意在实现中国在第四代核电技术上的"领跑"。

与第三代核电技术相比，第四代核电技术有何特点？

清华大学核能与新能源技术研究院院长张作义介绍，这种高温气冷堆，在严重事故中，包括丧失所有冷却能力的情况下，即使不采取人为和机器的干预，依靠材料本身就能保证反应堆不会熔毁，辐射不会大量外泄。业内人士将其称为"固有安全性"。

这是名副其实的"中国创造"，让我国在高温气冷堆的研制上走在了世界前列。2002年，清华大学核研院建造的一台10兆瓦高温气冷实验堆已经实现满功率运行。核电领域的权威学术杂志《核工程与设计》在当年专刊社论中指出：这是第四代反应堆的第一个——它不仅存在于纸上，而且存在于现实中。而《福布斯》杂志发表的评论文章则特别指出，中国关于高温气冷堆的报告"获得了全场持久的掌声，响起了只有在足球场上才能听到的喝彩声"。

2012 年年底，山东荣成华能石岛湾高温气冷堆核电站示范工程开工建设。"我们没有'洋拐棍'，没有现成的东西可以引进消化吸收，都是自己独立克服困难。"张作义这样说。

当核能新动力成为拉动经济的新引擎，当核电"走出去"成为国家新名片，中国在核电建造中的领先地位不再遥远，中国将继续守护那颗"初心"：维护世界和平，促进人类社会的共同发展。

第七章
新高地的竞逐

如今，人工智能在当代的"进化"速度让人惊奇。

2016 年 3 月，AlphaGo 击败了"近 10 年围棋最强者"李世石，人类围棋冠军与人工智能的总比分最终定格在 1：4。

这是人类科技的飞跃，也是战略新高地的竞逐。

模拟宇宙和生命的起源演化，精确测算航天飞行器的运行轨道，使用分子化学技术对药物进行快速筛选，甚至动画电影的特效……都离不开超级计算机的支撑。

长期以来，把握超级计算机领先技术的西方国家对华实行严格管制，禁止出口相关的高端技术和产品。中国怎样才能跳出限制，甚至后来居上，登上这个世界各国竞相争夺的科技战略制高点？

航空发动机被誉为工业之花，位于现代工业体系的金字塔塔尖。无论是先进的战斗机，还是大型民用客机，都离不开这颗强劲的"心脏"。

这颗"心脏"，能不能走"中国制造"？

国家正如个人，强筋健骨没有捷径，唯有经历足够的捶打磨炼，方能脱胎换骨。

这些新高地，是一个国家科技实力的象征，对国家安全、经济和社会发展具有举足轻重的意义。

在历史漫长的赛道上，钩沉往事，或许能让人更客观地看待科技"换道超车"之艰，创新后来居上之难。

第一节　航空发动机的"幸"与"憾"

"心脏病"——每当论及国产飞机的水平时，无论是先进的战斗机，还是大型民用客机，总绕不过这个缠绵已久的病症。

航空发动机被誉为飞机的"心脏"，设计、材料、工艺无一不要求高精尖的水准。放眼全球，能自主研制现代航空发动机的国家屈指可数，不外乎美、英、俄、法等寥寥几国，哪个不是经历了上百年工业化进程的沉淀。

在历史漫长的赛道上，是否曾经面临一个短短的窗口期，让我们一度有机会加速超车呢？

吴仲华和他的"叶轮机械三元流动理论"，或许是 20 世纪中国迈向自主研制先进发动机最近的一块垫脚石。但因为种种客观和主观的原因，我们没有踩准这个机会。

从史海中钩沉这段故事，非为苛责当年，而是希望今人在掩卷感慨之余，能为中国创新的今日成就感到更加自豪，为未来之奋进积蓄更多力量。

1. 吴仲华是谁？

20 世纪 70 年代，随着美国总统尼克松乘坐的"空军一号"飞机缓缓降落在北京，中美两国结束了在太平洋两岸隔绝 20 余年的状态。紧接着，中国与西方国家的关系开始改善。有关部门决心抓紧引进国外先进的航空发动机技术，几经比较和谈判，相中了英国的斯贝发动机。

斯贝发动机由老牌发动机巨头罗尔斯·罗伊斯公司出品，广泛使用在大量战斗机和民用飞机上，是当时世界上一款相当先进的高性能发动机。而这款发动机设计时使用的一项重要原理，正是中国科学家吴仲华创建的叶轮机械三元流动理论，国际上又称"吴氏通用理论"。

这段历史后来经过演绎，变成了一段充满戏剧性的传说：

在引进斯贝发动机时，英国人态度蛮横，条件苛刻，要价满天飞，谈判几度停顿。不知哪位官员提到吴仲华曾在罗尔斯·罗伊斯公司工作过，周总理查问吴仲华现在何方？一调查，原来吴仲华被关在牛棚中，正打扫厕所，于是立即调吴仲华参加中方谈判组。中英双方又开始唇枪舌战，几个回合下来，英方发现这个新来的谈判代表不一般，对斯贝发动机原理十分熟悉，很不好对付，于是忍不住请问他的姓名。"我叫吴仲华！"话音刚落，英方代表惊讶极了，眼睛也大了。突然，首席代表起立，并叫全体代表也站起来，向吴仲华敬礼，说："你是我老师的老师。"

演绎不足采信，但"吴氏通用理论"奠定了包括斯贝发动机在内的国际先进叶轮机械设计的理论基础，在某种程度上，吴仲华的确可以被视作现代高性能发动机的"祖师爷"之一。

吴仲华是谁？

1917年，吴仲华出生在上海一个普通知识分子家庭。求学时期，正值帝国主义列强瓜分我国，祖国的落后和民族危亡的威胁深深地刻在他的脑海中，使他选择了工业救国的道路。

1935年，吴仲华考入清华大学机械工程系。卢沟桥事变后，清华大学南迁，他怀着满腔热血一度投笔从戎。抗击日军的愿望未能实现，吴仲华重新回到了母校，1943年年底，他通过公费留学考试，赴美国麻省理工学院攻读博士学位，4年后，以优异成绩毕业并应聘至美国国家航空咨询委员会（NACA，为美国航空航天局NASA的前身）刘易斯喷气推进中心任研究科学家。

1950年，吴仲华发表了第一篇论文《径向平衡条件对轴流式压气机和透平设计的应用》，之后又陆续发表了一系列论文，并于当年创立了国际公认的叶轮机械三元流动理论。

第二次世界大战后，各国经济迅速回升，对新兴的航空工业提出了旺盛需求。为了飞得更高、更快，必须大力提高发动机的性能和可靠性。那时，航空燃气轮机在各种动力装置中脱颖而出，很快在航空推进装置中占据统治地位。

作为航空发动机核心的风扇、压气机、涡轮等叶轮机械流动的研究，直到 20 世纪 40 年代末期，一直沿用通常空气动力学中飞机机翼的孤立叶片模型。这种方法，只能计算叶片平均半径处进出口流动参数的变化，不能计算叶片的扭转、弯曲，因为它没有考虑叶片之间的相互作用，对于叶片数量很多的叶轮机械就不适用了。

因此，为了大幅度提高航空发动机和叶轮机械性能，必须针对非常复杂的叶轮机械流动方程组，根据内部流动的特点，创建新的理论模型，推导相应的数学方程，提出简化的物理假定，最后给出可以数值求解的基本方程和求解方法。

吴仲华把一个在当时计算条件下无法求解的关键问题，经过分解，使其有了求解的可能。这是对叶轮机械内部流动研究的巨大贡献，在国际学术界引起巨大反响。基于他的理论，研究人员随后发现了许多新的流动现象和规律，大大提高了叶轮机械的性能，并陆续研制出一代比一代性能优越的航空发动机和燃气轮机。

吴仲华成为在国际学术界和工程界冉冉升起的明星，名利双收的大道已经在他面前徐徐铺展。就在此时，早有回国想法的他，听到联合国安理会上中国代表伍修权控诉美国侵略的一席发言，下定决心回国。

很快，他以旅游为名，从美国途经欧洲，绕过大半个地球回到北京，从此将人生的下半场完全投入到新中国的建设事业中。

2. 要导弹还是要飞机？

1954 年返回祖国后，吴仲华立即与同事一起，从无到有开始了人民共和国航空发动机的征程。

他在母校清华大学开设了全国第一个燃气轮机专业，与中科院合作创建中国科学院动力研究室，培养出的毕业生为中国军舰燃气轮机等的研发作出了卓越贡献。

吴仲华也因此成为中国科学院学部委员（即后来的院士），并获得了首届国家自然科学奖二等奖。与他一同名列领奖名单的，也都是华罗庚、钱学森、苏步青、钱伟长等在新中国科学史上留下熠熠星光的名字。

随着世界上第一颗人造卫星上天，人类步入太空时代。吴仲华等中国老一辈科学家们敏锐地认识到推进装置的极端重要性和前所未有的科技难度，面对高温、高压、高速、高转速和化学反应交织在一起的复杂现象，必须把各类热现象、热过程涉及的分散的工程热力学、内部流动气动热力学、传热传质学和燃烧学几门学科紧密结合在一起来考虑。一门新的综合性应用学科——工程热物理，因此于 1958 年在吴仲华的倡导下应运而生。

科学的征程是那样火热，不过，吴仲华赖以成名的航空发动机研究，却在此时陷入僵局。

新中国百废待兴，各处都迫切需要资源投入，政府的"大管家"恨不得一个钢镚掰成两半用，各行各业的头等大事是：如何能用有限的人、财、物快速得到最大产出。作为国防的重要基石之一，航空航天工业也亟须确定一个主攻方向。

同样从美国归来的钱学森为此提议，从当时刚刚成立的新中国的现实情况出发，应集中力量发展火箭和导弹。有关部门在进行一系列调研讨论后，把航空航天作为一个整体看待，在统筹飞机发展、照苏联的改进图纸仿制生产时，将注意力先行集中于突破导弹和火箭。

历史证明，中央的"两弹一星"战略决策完全正确，这一决策大大提升了我国的国际地位，为我们赢得了宝贵的战略缓冲期。但遗憾的是，在以后相当长的时间里，在作为突破口的导弹和火箭取得重大进展时，却因为国力有限等多种原因，未对航空科技发展进行整体规划，使飞机特别是航空发动机的自主研发缺乏战略牵引和推进。

就在新中国有限的科研、工业资源大规模向导弹和火箭倾斜的同时，航空工业不可避免地受到冷落，几乎完全依赖仿制。适逢三年困难时期，吴仲华手下的研究骨干陆续被调往其他地方。接踵而至的政治运动，吴仲华也未能幸免，虽然得到周恩来总理的保护，没有受到人身冲击，但也被"抄家"，甚至被送到湖北的"五七干校"接受贫下中农再教育。

这一时期，西方国家的航空发动机技术却一日千里，英国罗尔斯·罗伊斯公司应用吴仲华的理论不断改进斯贝发动机，到20世纪70年代时已经成为一款国际主流的先进航空发动机。与此形成强烈反差的是，当中国准备引进斯贝发动机的技术时，吴仲华却在干校的农场里养猪养牛、挑粪种田。

由于国内长期缺乏对航空发动机的理论研究，也缺少相应的人才梯队建设，在完成了与英国人签订的合同后，耗巨资引进的斯贝发动机在很长一段时期内图纸蒙尘，国内没有组织起足够的力量去"吃透"这一先进技术和原理。直到21世纪初才终于将这类发动机的技术吃透，但途中已经多走了至少10年的弯路。

尽管国内的航空发动机事业没有蓬勃发展起来，吴仲华依旧被誉为"航空界的钱学森"，美国航空航天局（NASA）将他讲学的录像作为专著出版，并作为他们的培训材料。

改革开放后，中国重新打开国门。根据中国科学院工程热物理研究所的记录，1979年，吴仲华率领由中科院、航空部、八机部等人员组成的代表团访问美国，重新打开了国际学术交流之门。对于这次访问，美国空军专门派了一个5人小组、美国通用公司专门派了两架6座总裁专机接送，连正在研究的最新型发动机也邀请他参观。

这一极高的礼遇，既是对中国开放大门的热烈欢迎，也包含了对吴仲华本人的崇高敬意。

1992年，吴仲华因癌症病逝，享年75岁。美国机械工程师学会为他发了讣告，称他为"叶轮机械先锋"。

国际著名科学家、曾任美国加州大学伯克利分校校长的田长霖讲过这么一段话：吴仲华先生一生对科学的主要贡献有两个，一是创立叶轮机械三元流动理论，这已经是举世公认的了；二是他提出了工程热物理学科，这一点还没有被充分认识，但它的意义随着时间的推移，会日益显现。

3.热血未冷

尽管拥有航空发动机开拓者级别的专家，为何中国航空发动机技术始终上不去呢？

当我们回首与中国航空事业相关的历史进程时，不能不说我们今天的困窘来自历史的遗憾。

"两弹一星"成功之后，本应把全面推动航空发展提到日程上来，遗憾的是，在 20 世纪中叶全球性"要导弹，不要飞机"的浪潮中，国内一些专家也认为，导弹可以替代军用飞机，军用飞机只是一种常规武器，航空技术只是保障常规武器的常规技术。在这种意见的影响下，我国科技界长期把航空排除在高新技术之外。①

此外，航空工业发展初期更重视的是飞机机体研究，对发动机研发的重要性认识不够，造成了发动机研究积累不足，限制了各类飞机的发展。

航空发动机涉及众多技术领域，离不开国家基础工业的支撑，可以说，没有强大基础工业能力的国家，绝不可能进入航空发动机领域。以事后之明的眼光来看，当时中国即使有了航空发动机的泰斗级人物，但材料和工艺是两大根本难题。例如涡轮叶片所需要的高强度、耐高温材料，有些工艺需要绝对高的精度，这些国内都达不到。所以，光有一流的理论和设计专家，工业制造业的综合水平上不去，发动机也研制不出来。

反观美国，对航空发动机持续投入，才能保持新型发动机源源不断地研制出来并保持世界领先。

航空发动机产业是资金密集的高投入和高产出行业，需要国家资源的强力支持与保障。在《美国国家关键技术计划》说明文件中，把航空发动机描绘成"一个技术精深得使一个新手难以进入的领域，它需要国家充分

---

① 张聚恩：《万字看懂航空发动机的那些事》，《航空知识》2018 年 10 月 2 日。

保护并稳定利用该领域的成果，长期的专门技能和数据积累，以及国家大量的投资"。

据统计，研制一台大中型发动机，通常需要 15 亿—30 亿美元。部分发达国家一直通过长期、稳定的大力支持和投入，实施多项中长期研究计划和短期专项研究计划，为发动机研制提供充足的技术储备，以降低技术风险，缩短研制周期。

有鉴于此，1995 年，在"九五"计划向社会各界征求意见时，王大珩、师昌绪、马宾、高镇宁、庄逢甘、张彦仲、顾诵芬 7 位知名院士专家，联名向中央上书，希望尽快将航空技术纳入高技术范畴。

这些专家指出，自 20 世纪 40 年代以来，航空技术飞速发展。国外历次战争已充分证明，空中力量在现代战争中发挥了巨大作用。同时，航空工业对国民经济的先导作用也十分突出，对冶金、橡胶、石化、电子、机械等基础工业的带动作用日渐显著。

他们呼吁，如果我国再不重点提升航空技术，与国际先进水平的差距将被进一步拉大，不仅军事上有被动挨打的隐患，国内民航市场也将被国外企业占领。

决策层听取了业界的强烈呼声，将航空列进了国家亟须重点发展的高技术领域。1996 年 3 月，八届全国人大四次会议通过了我国 2010 年远景目标发展纲要，其中明确提出：要把握世界科学技术发展的趋势，重点开展电子信息、生物、新材料、新能源、航空、航天、海洋等方面的高新技术，在一些重要领域接近或达到国际先进水平。

资深航空科技专家张聚恩为此既欣慰又感慨：我们欠的账太多了，我们缺的课也太多了。不能不说，这是历史的遗憾。

2016 年 5 月，中国航空发动机的发展迎来了一个里程碑。以中国航空发动机集团有限公司的成立为标志，中国有了自己的专业化航空发动机国家级企业集团，尽早解决航空发动机的瓶颈与制约、加快发展航空发动机上升为国家意志，中国的航空发动机发展开启了一个新纪元。

承载着国家和民族的重托，中国的新一代科技工作者既要在传统样式的发动机方面迎头追赶，又要开展新概念、新原理、新能源、新样式航空发动机技术的研究和开发。

此时，距离吴仲华跨越重洋返回祖国已过去 62 年。时光无言，热血未冷。北京北四环路外，中科院工程热物理研究所门前，吴仲华的铜像静静矗立，注视着，也勉励着无数后来者。

第二节 "超算"崛起

超级计算，世界计算领域竞争的焦点。

2019 年 6 月，从德国法兰克福传来超级计算机世界 500 强的最新榜单，中国超级计算机上榜数量蝉联第一。

这个榜单始于 1993 年，每半年发布一次，是给全球已安装的超级计算机排座次的知名榜单。中国境内有 219 台超算上榜，在上榜数量上位列第一。这也是 2017 年 11 月以来，中国超算上榜数量连续第四次位居第一。

超算 500 强里，中美两国的超算数量占据了绝对份额。近 10 年来，榜首位置也由中美交替占据。自从"天河一号"2010 年首次登顶以来，2013 年到 2015 年的冠军由"天河二号"包揽，2016 年到 2018 年 6 月"神威·太湖之光"蝉联冠军。其余时候，则是美国超算领先世界。

跻身这个顶级俱乐部，有什么意义呢？

让我们想象一下：北京上空一只小小的蝴蝶扇动翅膀，可能导致遥远的美洲发生一场暴风雨——气象学上的蝴蝶效应表明，要分析地球大气这样极其复杂庞大的系统，需要难以估量的计算能力。

在工业制造上，常常要对合金材料进行精确配比实验，随便一种合金，成分比例就可以让人算到天荒地老，必须经过极长时间的高速计算才能找到符合我们要求的材料。

模拟宇宙和生命的起源演化，精确测算航天飞行器的轨迹，使用分子化学技术对药物进行快速筛选，甚至动画电影的特效……从高端材料到生命科学，再到深海探测、空间技术各领域，都离不开超级计算机的支撑。

长期以来，把握超级计算机领先技术的西方国家实行严格管制，禁止出口相关的高端技术和产品。

随着新一轮科技革命和产业变革的到来，信息技术创新成为驱动这一轮变革的重要动力。"银河""天河""神威"系列超级计算机轮番登台亮相，也成为促进产业发展不可或缺的国之利器。

中国计算为什么能后来居上，登上这个世界各国竞相争夺的科技战略制高点呢？

1. 华罗庚"打开"大门

追溯中国超级计算机的源头，绕不过华罗庚、钱学森、钱三强等名字。尤其是华罗庚，人们都知道他是闻名世界的数学大师，但他对中国计算机事业的贡献却鲜为人知。

1946 年，已经受聘为美国伊利诺伊大学终身教授的华罗庚受邀在普林斯顿高等研究院讲学，与后来被称为计算机之父的冯·诺依曼交往甚密。冯·诺依曼当时正在设计世界上第一台通用电子数字计算机，华罗庚参观过他的实验室，并曾一起讨论学术问题。这段交流让华罗庚敏锐地感受到，计算机将在未来社会中扮演极为重要的角色。

新中国成立后，华罗庚迫不及待地返回祖国，同时受聘于中科院和清华大学。当他跨越罗湖桥从香港入境的时候，计算机资料就放在他的手提箱里。

为了迎接这位享誉世界的数学家，清华大学特地为刚从美国归来的华罗庚新建了一栋平房。这里靠近清华园南门，水泥瓦、红砖墙、四开的窗扇显得大气敞亮，不远处就是中国科学院数学所的二层办公楼。华罗庚总是踏着小径往来，从侧门直接走进办公楼。

1952 年一个夏末的傍晚，白天的暑气被微风渐渐吹散，窗外的绿植生机勃勃，用过晚餐的华罗庚不时张望窗外，等候三位来自清华大学的客人。他要为新中国第一个计算机研究小组物色既精通电信和电子学，又极具开拓能力的科研人员。

时年 29 岁的夏培肃，就是华罗庚此次邀请的客人之一。夏培肃出生于书香门第，1950 年获英国爱丁堡大学博士学位。回国后，夏培肃在清华大学电机系电讯网络研究室任副研究员。

这次会面，成为夏培肃人生道路上的一个重要转折点。从此，她走上了开拓中国计算技术之路，与中国计算机事业结下了难解的情缘。

对于刚成立不久的新中国来说，计算机是一个带有些神秘"光环"的高科技物品。

20 世纪 50 年代初，北京展览馆曾经举办过一个关于苏联经济及文化建设成就的展览会，涌入的科研人员也没能完全看懂计算机究竟如何运行，只能围绕着仔细打量这个有着许许多多的开关、按键和闪亮指示灯的黑漆铁柜。

但华罗庚知道计算机的发展前景广阔，果断提出要自主研制我国的电子计算机。

1953 年 1 月，中国的计算机事业由此萌芽。在华罗庚的领导下，第一个计算机研究小组正式组成：组长闵乃大，组员夏培肃、王传英。三人都有理论和实践经验，但困难的是要白手起家。

成立中科院计算技术研究所，国家的意图很明确，就是为另两项更重要的紧急措施——研制"两弹一星"服务。在 1956 年底将来自各条战线的314 名人员集中在一起，这也被称为中国计算机事业的国家队。

夏培肃后来回忆："当时，甚至找不到一本系统、完整地介绍电子计算机原理的书，只能就近从电机系图书馆查找英文期刊中计算机方面的文章，没有复制设备，更没有英文打字员，只能一个字一个字地抄录。"①

----

① 夏培肃：《我国第一个电子计算机科研组》，《中国科技史料》1985 年 3 月 2 日。

　　什么都没有，房间空空如也。要用万用表，采购员买来的是家用电度表。只能亲自背着书包到王府井去采购，或到旧货摊上搜罗一点东西。

　　为了让更多人了解电子计算机，1955年，夏培肃着手编写计算机原理讲义。当时，计算机的一些基本术语和名词都是英文的，她在编写计算机原理讲义时，反复推敲，将英文专业术语意译为中文，并在全国沿用至今。

　　在夏培肃一头扎进计算机世界的同时，另一批科研人员也同步开始攀登计算技术的高峰，他们有着更明确具体的使命——"两弹一星"。

　　早期计算机发展与核武器研制密不可分，第一台现代电子计算机ENIAC，就在美国的热核武器预先研究中发挥了独一无二的作用。1952年，冯·诺依曼用计算机成功模拟了导弹发射和原子弹爆炸，这让许多人认识到，要研究原子弹，必须要先发展计算机。

　　钱学森是世界知名的控制系统论专家，他最早向国内介绍了计算机的记忆功能、逻辑功能甚至学习功能等等，指明这是极有发展前景的领域。同时，著名的"三钱"中另两位——钱三强、钱伟长，也提出了发展微电子、半导体和计算机的建议。

　　在一张拍摄于1955年的百人合影中，钱三强、赵忠尧以及随后就隐姓埋名的邓稼先等核物理学家与夏培肃、吴几康等计算机科学家并肩而坐。这张珍贵照片的背景，是中关村北二条当时有着中关村"第一楼"之称的中国科学院近代物理所大楼，它定格了中国"两弹一星"与计算机的共同起步。

我国制造的第一部电子计算机——103机
（中国科学院计算技术研究所 提供）

1956 年，国家成立中科院计算技术研究所筹备委员会，科研人员开始对计算机技术快速地消化吸收。国营 738 厂用时 8 个月，完成了第一部计算机的制造工作。

这个中国人自己制造的第一部电子计算机——103 机，体积确实庞大，仅主机部分就有好几个大型机柜，占地达 40 平方米。但还是十分精密，在它的机体内有近四千个半导体锗二极管和八百个电子管。

1958 年 8 月 1 日，这部计算机完成了四条指令的运行，宣告中国人制造的第一架通用数字电子计算机的诞生，实现了从无到有的跨越。虽然起初该机的运算速度仅有每秒 30 次，但它也成为我国计算技术这门学科建立的标志。该机由计算所和北京有线电厂合作批量生产了 38 台，为包括当时的中国第一个火箭导弹研究机构在内的众多科研机构和大学服务。

103 机研制成功后一年多，104 机问世，运算速度提升到每秒 1 万次，是当时国内运算速度最快的计算机，性能与当时英国、日本等国计算机接近。这台大型通用数字电子计算机成功试算了当年五一国际劳动节的天气预报，人工需要 180 个工作日才能完成的计算，计算机只用了 15 分钟，给大家留下了深刻印象。

此时，原子弹研制正在紧张的攻关中，邓稼先带领的理论设计队伍是整个工程的重中之重。手摇计算机不敷需求，每秒运算 300 次的苏联乌拉尔计算机也难如人意。邓稼先等人到中科院计算技术研究所使用 104 计算机，日夜不停地计算，演算一个项目仍需要一个多月。

这对国产数字电子计算机提出了新的性能要求。为更好地支撑"两弹一星"工程，确保完成这个重要的技术保障，中科院计算技术研究所兵分两路同时出击，增加保险系数。安排使用两种元件各制一台性能相同的计算机，电子管机为 109 甲机，后改称 119 机；晶体管机为 109 乙机，后来又研制了 109 丙机。

119 机是中国第一台自行设计的电子管大型通用计算机，事实表明，中国有能力实现"外国有的，中国要有；外国没有的，中国也要有"这个伟大目标。

运算能力为每秒 5 万次的 119 机和每秒 11.5 万次的 109 机后来完成的计算任务包括：第一代核弹的定型和发展，"东方红一号"卫星的轨道论证，运载火箭各型号从方案设计、飞行试验、飞行精度分析到定型的大量数据……由于在我国"两弹一星"研制历程中立下汗马功劳，这两个型号计算机被誉为"功勋机"。[①] 它们不仅验证了一批新技术，培养了科技人员，促进了半导体技术的发展，也产生了研制计算机的法则和流程。

中国科研人员再接再厉，到 20 世纪 70 年代中期，国内成功研制了运算速度每秒百万次级的大型计算机，可以为地铁运行、远洋测量船提供服务，甚至还援助出口给朝鲜等国家。

尽管自力更生取得了长足进展，但实事求是地讲，此时的中国计算机还远无法与发达国家相媲美，相反，差距相当明显——国外已经成功开发出了每秒计算超过 1 亿次的超级计算机。在此背景下，一批科研专家于 1977 年向国家提出，也要研制每秒计算 1 亿次的超级计算机。

2.打破"玻璃房"屈辱

在 20 世纪 70 年代，天气预报、模拟风洞、地震计算、航空航天设计等各领域的需求都指向了高性能计算机。当时最强的计算机产自美国。1976年，美国率先实现每秒 1 亿次计算的机器，比中国领先了两个数量级。

超级计算机可以用于模拟核试验，可以处理卫星图片，也可以用于解密码。在飞行器设计中它也至关重要，因为很多情况不能实测，只能计算模拟。因而美国对出口超级计算机十分谨慎。

这里面有一段故事：当时，中国石油工业部物探局重金从美国采购了一台大型机，但美方要求，机器要放在不得随便入内的玻璃房子里，方便美方

---

① 徐祖哲：《溯源中国计算机》，生活·读书·新知三联书店 2015 年版，第232—237 页。

24 小时监控，监控日志要定期交美方审查，计算机的启动密码和机房钥匙也要由美方人员控制。全国只有几个有授权的科学家能够进入玻璃房，一旦程序运行完，玻璃房立即被锁上。

如果把这些备受大国青睐的高端技术比作金字塔塔尖，那么超级计算机构成了金字塔的基石，是一个国家科技实力的重要标志，也是一些西方大国的"不传之秘"。"玻璃房"的屈辱成为中国科研人员心中的一根刺。

正是这种封锁带来的激励，让中国下大力气研发国产化的超级计算机。1977 年，后来被誉为"中国巨型机之父"的慈云桂教授向国家提出研制每秒钟计算 1 亿次的超级计算机，理由是它对国防、产业、技术的发展都很重要。这是性能提升 100 倍的跨越，难度之大，可以想象。

其时，"文化大革命"刚刚结束，尽管国家财政困难，但仍然下决心去做。时任国防科委主任张爱萍将军给科研人员下了军令状，于 1978 年 5 月正式立项，项目就依照日期命名为"785 超级计算机"。

历经 5 年，这个"大块头"终于在位于湖南长沙的国防科技大学诞生了。这是我国第一款自主研发的超级计算机。最初国家为这项任务安排了 2 亿元人民币，但科研人员精打细算，只花了 5000 万元，这还包括了建科研楼和机房的费用。

聂荣臻元帅发来贺信：回顾 20 世纪五六十年代，我们白手起家干科学技术……我们的口号就是自力更生、奋发图强；我们的办法就是集中力量、大力协同，这就形成一股强大的动力使我们无坚不摧，无攻不克。

张爱萍将军为亿次计算机系统命名为"银河"（后称为"银河一号"），并作诗一首：

　　亿万星辰汇银河，世人难知有几多。

　　神机妙算巧安排，笑向繁星任高歌。

现在来看，"银河一号"每秒钟 1 亿次的运算速度已经比不上一部智能手机，但在当时，它却让我国成为能研制超级计算机的少数几个国家之一。

紧追美日之后，中国开始了超算世界的征程。"银河二号""银河三号""银河四号"接踵而来，算力从每秒 1 亿次上升到 1 万亿次，在我国不同的科研项目中发挥着重要的"思考运算"工作。

中国在 1993 年还研制成功"曙光一号"超级计算机，开辟另一序列。

对于中国工程院院士李国杰来说，1979 年与夏培肃的相遇改变了他的一生。这一年，他成了夏培肃名下代培的硕士研究生。至今，他仍感念着恩师为他创造的机遇。

1981 年，夏培肃从到北京讲学的美国普渡大学教授黄凯那里了解到普渡大学有一个奖学金名额，就打算推荐李国杰去那里读博士。

"当时我还没有特别急迫地想出国，所以就问夏老师出国要几年，我想我那时候年纪也不小了，如果是两年左右就去，要是四年就不去了。"李国杰回忆。

夏培肃听了他的想法后笑着说："这是一个难得的好机会，你还讲条件？"

在夏培肃的说服下，李国杰去了美国。李国杰至今感慨，这次出国留学成为他人生的重要转折。在美国学习期间，李国杰发表了多篇高水平学术论文，在国际上被广泛引用。回国后，他又和夏培肃一起工作，承担了国家"863"计划任务，负责完成了一系列"曙光"计算机。

20 世纪 90 年代初，为了彻底打破国外对高性能计算机的垄断，国家派出一支年轻精干的科研小分队，远赴美国硅谷去进行"曙光一号"的研究。当时已经就任中科院计算技术研究所所长的李国杰在黑板上写下了"人生能有几回搏"七个大字，斩钉截铁的对几个年轻人说："派你们去，就相信你们一定能把机器给造出来！"

在每天工作十五六个小时，长达 11 个月的封闭式研究后，科研小分队成功设计出"曙光一号"核心部分。

1993 年，中国第一台高性能计算机"曙光一号"终于研制成功。附带的战略效应几乎立竿见影：就在这台计算机诞生的第三天，美国便宣布解除 10 亿次计算机对中国的禁运。

3.“齐攻”新超算

山间跃动的溪流虽小，终将汇聚成奔流的大江大河。

要论当今“计算力”最强的国家，唯有中美两国够格。“Made in China”的超算机数量占据多半壁江山，国防科技大学的“银河”和“天河”、江南计算技术研究所的“神威”、中科院的“曙光”各领风骚，分别走出了自己的特色之路。

位于湖南长沙的国防科技大学，南迁之前为中国人民解放军军事工程学院（即“哈军工”）。在计算机发展历史上晶体管全面取代电子管的关键阶段，这支队伍“异军突起”，引领中国计算机界弯道赶超。集成电路一出现，银河系列、天河系列又在这里相继诞生。

我国计算机界的元老周兴铭回忆，“银河”的研制与之前自力更生的路子有所不同，我们瞄准最先进的技术，充分利用改革开放的条件，国外没有的或封锁的，我们自主创新；国外有又不限制的就采用“拿来主义”。直到现在的“天河”系列，都是按这条道路发展的。

研制“银河”的 5 年时间里，当时技术骨干月工资只有七八十元，几乎每天晚上都要加班。“银河一号”做成后，骨干人员每人发了几百元奖金，最后大家都没要，都捐了出去。在那些加班的日子，最好的待遇就是每晚12 点之后食堂里的免费水饺。吃饺子的待遇一直持续到“银河二号”完成。

2015 年，美国宣布对中国超算机禁运英特尔 CPU，然而一年多后，中国人完全自研的“申威 26010”CPU 就犀利反击——四万多个申威 CPU 支撑的“神威·太湖之光”夺得世界超算榜首。接着，“神威”来了个“四连冠”。不仅如此，2016 年度的戈登·贝尔奖，被授予“神威·太湖之光”上运行的全球大气非静力云分辨模拟应用，我国高性能计算应用成果在该奖项上实现了“零”的突破。机器大踏步前进，应用水平也在慢慢跟上。

它的总设计师、2003 年度国家最高科学技术奖获得者金怡濂，就曾在我国第一台大型通用计算机 104 机的研制中，作为技术骨干冲在了研制第一线。

在"曙光一号"的研发过程中，一些国外公司对"曙光一号"研究小组的领头人李国杰说，"把钱给我，我给你造出来不就完了"。但李国杰坚持认为，高性能计算的核心技术必须掌握在中国人手中，这是一丝一毫都不能让步的，不仅要做整机研制，包括存储器在内的配件都要自己做。

曾参与"曙光"系列超算机研发的历军回忆，"玻璃房子"的故事激励了一代中国计算机科研人员，为了摘掉这项耻辱的帽子，他们发奋图强，开发自己的超级计算机。历军说："我印象特别深，我们这些科研人员，每天没日没夜地干，把计算机当成自己的孩子，付出自己全部的心血。我们花了近 20 年时间，终于摆脱了困境。现在中国的超级计算机性能已在全球处于数一数二位置，而且在全球的超级计算机排行榜上，中国拥有的计算能力也在逐年提高。"

如今，国际超算界的注意力，已转向了下一个高地：百亿亿次级计算机，也叫 E 级计算机。中、美、欧、日都在向这一目标冲刺。为了抢占先机，中国业已将百亿亿次（E 级）超级计算机及其技术的研制写进了"十三五"规划，以期在 2020 年前后达成该项宏伟的计划。

自 2016 年起，"十三五"规划中的高性能计算专题便已启动，国防科技大学、中科曙光和江南计算技术研究所同时开展 E 级超级计算原型系统的研制，拟通过赛马机制推动国产自主 E 级超算系统发展，使中国超级计算机今后能在全球继续保持领先。

超级计算机另一个重要指标是耗能。专家指出，按照目前超算机的水准，随着超算机用于各个方面，总有一天需电量会超过发电量。美国和日本在节能上做得比较好，而中国超算机也在趋向于高效。

探索原子核与黑洞的奥秘、模拟化学反应过程以及制药、设计桥梁、勘探石油……支撑各行各业的是永不止步的算力升级。在超算应用比较多的制造业和基础科研等领域，美国等国的大部分应用软件还占有绝对的优势。超算软件开发的周期动辄需要二三十年，要经历科学问题建模、网格划分、求解数学方程、算法设计、运行验证等一系列流程，还牵涉到多种学科，因此也是中国超级计算机事业无可回避的下一个挑战。

几十年来，中国的计算机从无到有，从跟随到走在世界最前沿。在 2019 年最新一期全球超算 500 强榜单中，中国以拥有 219 台超级计算机继续蝉联全球拥有超算数量最多的国家。

第三节　中国机器人之路

进入 21 世纪的第二个 10 年，人工智能和机器人的进步突然有了"一日千里"的阵势。

2016 年 3 月 15 日，经过长达 5 个小时的博杀之后，被称为"近 10 年围棋最强者"的李世石投子认输，这一结果让赛前大批看好人类的评论员大跌眼镜。

由于每一步都有着成千上万种变化，许多人曾坚持认为，人工智能适应不了繁复多变的围棋，人类的光荣将在这个领域长久维持下去。但现在看来，这个预言并不成功。

更让人咋舌的还在后面：仅仅半年后，阿尔法围棋推出升级版，在网上与中、日、韩数十位围棋顶尖高手对决，连续 60 局无败绩。如果说 AlphaGo 战胜李世石还让部分人颇有些不服气，如今这一碾压式的结果已经让所有人心服口服，用"棋圣"聂卫平的话来说，对手简直"不是人，是个神"。

事情还没结束。一年半后，新一代的 Alpha Zero 诞生，可以不依靠棋谱和人工教学，只通过自我学习就以 100∶0 的优势完败"他"的先辈。人工智能的"进化"速度让人目瞪口呆。

人工"大脑"越来越让人刮目相看，人工的"身体"也同样迎来突飞猛进。波士顿动力公司研发的 Atlas 机器人，协调性、平衡性都非常出色，动作形态看起来和真人很相似，在连续跳跃通过一系列障碍物后，以一个漂亮的 360 度后空翻动作收场——对于一款两足机器人产品而言，能够用双腿支撑身体平稳站立和行走，本身就是个极大的考验，更遑论能够做出这样的高难度动作。

面对世界上如此迅猛的科技进步潮流，中国的机器人处于怎样一个"段位"呢？

1."机器变成人，还了得？"

Robot，中文译为机器人，或者智能机器——当捷克作家卡雷尔·卡佩克 1920 年首次在自己的科幻作品里使用这个词汇时，或许不会想到他笔下的幻想这么快就能成为现实。

1950 年，著名的计算机学家图灵发表论文《机器能思考吗？》，为人工智能提供了科学性和开创性的构思。到 1962 年，美国通用汽车公司已经开始将全球第一台机器人 Unimate 应用于工业生产。

但在当时的中国，对人工智能和机器人的"接纳"却遇到了一些阻碍。计算机能否替代脑力劳动，不光在技术上很难说服部分人，从"左"占据上风的哲学角度看也有疑问。

因此，国内一度有人提出批判："人工"造得出"智能"吗？如果人工可以造"智能"，那么，将来一定要出现具有比人还要高级的"智能"的东西了——"人工智能"这个说法很容易为唯心论钻空子。

科技进步如大江东流、势不可挡，并不为个别人的主观意志所左右。

1972 年，中国科学院沈阳自动化研究所的吴继显、蒋新松、谈大龙三位科学家联合起草了一份给中科院的报告——《关于人工智能与机器人》，这是目前可查的中国科学家最早明确提出的相关发展建议。报告认为，研制机器人是未来装备制造业实现完全自动化的必然方向，也是一个国家工业发达强盛的重要标志，美日欧一些国家已经进入工业应用，中国必须早起步。

在那个闭塞的年代里，科学家如此超前的思考，让许多人跟不上脚步。

有人皱起眉头：机器人是什么？难道外国人的今天，就一定是我们的明天？有人说起风凉话：这是搞花架子，我们连机器人是什么还没搞明白，就要造机器人，简直是痴人说梦！甚至有人一听就恐慌：机器变成人了，那还了得？[1]

但科学的先行者没有动摇，他们用敏锐的目光与智慧为机器人跨进中国按响了门铃。

转折点出现在 1978 年。这一年 10 月，邓小平在出访日本期间，来到了日产汽车的工厂。这座工厂刚引入机器人生产线，是当时世界上自动化程度最高的汽车生产工厂。一台台焊接机器，如绣娘般舞动着巧手穿针引线，眨眼间就把汽车的框架"缝制"得整整齐齐。

邓小平颇感兴趣地停下了脚步。当他得知这家工厂平均每"人"每年生产 94 辆汽车时，深有感触地说："你们这个'人'不简单，人均年产量比我们长春第一汽车制造厂多 93 辆。"

机器人生产线高效作业的场景给改革开放的总设计师留下了深刻印象。在接受日本媒体的采访时，邓小平开诚布公地说："这次访日，我明白什么叫现代化了。"

先知先觉的人们或许意识到，中国改革开放的前奏已经响起，春天的故事即将在 960 万平方公里大地上书写。在国内，蒋新松看到这个报道后很激动。敢于正视落后，才是走向发达的最大希望——他当时暗暗下定决心，就要搞中国的机器人，让中国的装备制造走出国门，走向世界！

2.列入"863"计划

经过十年"文化大革命"后的中国，创新实力大打折扣，要做自己的机器人，谈何容易。

花了好几年时间，沈阳自动化所才做出第一台工业机器人的样机。这在

---

[1] 王鸿鹏、马娜：《中国机器人》，辽宁人民出版社 2017 年版，第 46—55 页。

国内已经是非常了不起的成果了，但蒋新松远不满意。

1985 年，他到美国访问，来到圣路易斯的一些制造工厂参观，所见所闻简直令人瞠目结舌：这些工厂不仅实现了计算机对生产制造流程的自动控制，企业的整个管理与生产流程也由计算机联网实现了一体化运行，再加上机器人生产线的应用，整个就是一座无人化工厂。

与几年前到美国访问时的所见相比，机器人发展简直可以用"一日千里"来形容。当国内还在完成机械化的进程时，大洋彼岸已经掀起了无人工厂的第一轮发展高潮。科技水平的差距不断拉大，让蒋新松心急如焚。

回国后，蒋新松立即去找时任国家科委主任宋健，汇报自己的所见所闻所想，并提出了"计算机集成制造"的初期概念，作为今后机械制造业发展的方向。

宋健非常赞赏，同时告诉他一个消息：几位老科学家也都很着急，正准备向中央反映，中国必须紧紧跟踪世界先进科技水平，融入全球科技体系。

1986 年 3 月，王大珩、王淦昌、陈芳允、杨嘉墀四位知名的老科学家联名给中共中央写信，提出了跟踪世界先进水平、发展我国高科技的建议，为 20 世纪末、21 世纪初的国民经济发展打好技术基础。很快，著名的"863"计划启动了。

听到这个消息，蒋新松兴奋极了。他深知机器人在装备制造业中的地位、作用、价值，深知这对于民族工业、国家经济发展的重要意义。他要推动机器人进入"863"计划。

适合中国国情的自动化发展道路怎么走？很快，一个现实问题摆在面前：中国的改革开放刚刚起步，丰富的人口资源面临上岗就业。这时候搞机器人，似乎与现实离得太遥远了。

有半年多时间里，蒋新松四处游说，逢人便讲。不少人笑话他"着魔"了，也有人说他搞的是科幻。

蒋新松锲而不舍。有人曾经见他提着复印的一摞摞资料送到国家相关部门，人家办公室里没人，他就把资料塞到门缝里。为此，他没少坐冷板凳，也没少听风凉话。

甚至专家评审委员会的成员对此也有很大争议。有人认为，高新技术是智力和资本密集型产业，中国经济初见起色，资金还不充足，应以传统工业为主，发展高投入的高新技术产业与国情不符。

在一次评审论证会上，一位评委半调侃地质疑蒋新松："现在国家搞计划生育，连娃娃都不让造了，你怎么还搞机器人？"这话引来一阵笑声。

"正是现在不让造娃了，将来才需要机器人。"蒋新松蹭的站起来，带着江阴口音的普通话语速很快。"将来人少了，劳动力少了，谁来干活？尤其是那些高温、高压、深海、有毒等对人有危害的工作环境，极限作业机器人能够代替人去干人所不能干的工作，这在国内外都有一定的市场。"

他接着又说："将来，一个娃成了宝贝，那些特殊的体力劳动、危险工作谁来干啊？说不定将来你老了，还要机器人来伺候。所以，我们必须现在就开始'造人'，到缺人的时候再'造人'就来不及了。"

在蒋新松看来，发展国产机器人可从来不是什么好高骛远的事情。科技水平的发展是一个长期积累的过程，不可能一蹴而就，现在不动手，将来需要时再起步就晚了。

10 年前，美国人就把机器人送上了太空；5 年前，日本人就有了无人工厂。他们的海洋机器人可以钻到我国的海域，我们毫无办法。到日本买机器人，遭到拒绝，他们说，15 年内不会与中国合作——过往的一幕幕，在蒋新松脑海里回放，让他刻骨铭心又万分焦急。

说着说着，蒋新松情不自禁地激动起来："现在，那些发达国家都在这个领域花大本钱，开展竞争，并对我们封锁。中国怎么才能加入全球的科技体系？我们再不干起来，就会被人家甩得越来越远，我们给人家提鞋都不够格，连'球籍'都保不住了……"

在激烈的思想交锋和观点的碰撞中，蒋新松凭借锲而不舍的精神和一颗火热的赤子之心，逐渐赢得了许多专家的赞同。机器人终于列入了"863"计划。

作为"863"计划自动化领域的首席科学家，蒋新松与专家委员会成员一起制定了"863"计划中"计算机集成制造系统"和"智能机器人"两个主题的战略目标，并获得国家批准，开始陆续完成CIMS试验工程的初步设计。

3. 智能新生态

在许多事关国家创新发展的战略上，最关键的是规划好方向和路径。一旦方向失误，路径出现偏差，不仅前功尽弃，还将不可挽回地失去宝贵的时间窗口。

在砥砺奋进的跋涉中，以蒋新松为代表的一批科学家几经努力，为中国机器人铺就了一条成长之路。

1980年7月，蒋新松被任命为沈阳自动化研究所所长，他从长远的战略观点去规划研究所的建设，提出以"人工智能与机器人技术""信息系统与控制工程""图像处理与模式识别技术"三个学科为科研主攻方向，并争取在国民经济建设和国防建设中形成研究所的特色。他将水下机器人课题作为任所长后的第一件大事，他从国外机器人的发展和中国的国情出发，提出的"智能机器人在海洋中的应用"被列为中科院重点课题。

蒋新松对引进技术实现水下机器人国产化的每一个过程事无巨细，大到整体方案，小到每个部件，诸如水下推进器、浮力块，都要亲自过问，一丝不苟。

1985年12月，沈阳自动化研究所研制的"海人一号"水下机器人在旅顺港首航成功，这是蒋新松在20世纪70年代初就梦寐以求的事业的闪光结晶，这也意味着，中国高技术自动化领域人工智能与机器人的研究和开发进入了一个新的阶段。

在蒋新松的积极推动和各方配合下，一批依托研究所或大学建设的开发中心或实验室逐渐完成，成为龙头基地，并对国内外开放。其中，中科院沈阳自动化研究所成为中国机器人的摇篮。沈阳机器人工程研究开发中心作为国家开放实验室已正式运行；智能系统及智能技术国家实验室建在清华大学；机器人技术与系统国家重点实验室建在哈尔滨工业大学；机器人控制理论及方法实验室建在天津南开大学；非视觉传感器建在合肥智能机器研究所；机器人装备系统实验室建在上海交通大学。

仅用了 5 年时间，全国各地建成了 14 个开放实验室、2 个工程中心、9 个应用工厂，建立了完善的三级管理体系，并通过了 3 个型号 5 种机器人的研发与验收。

为了推广应用这些成果，在当地政府和高等院校、科研院所的支持、参与下，东北三省有关部门、企业和哈尔滨工业大学等单位，于 1988 年 8 月联合成立了东北工业机器人开发集团公司，蒋新松兼任董事长，目的是推进机器人技术走向市场应用、实现产业化。

当时，由于技术应用和配套研制的产品还不成熟，尤其我国工业制造业水平还不具备相应的条件，机器人一度升温之后，又渐渐冷却下来。然而，蒋新松领导的中科院沈阳自动化所丝毫没有懈怠，始终以坚定的信念走在"863"计划设定的路线上。

几十年来，中科院沈阳自动化研究所研发出不同深度、不同航程的谱系化水下机器人，为我国国防建设、海洋资源勘探作出了突出贡献。

如暗流涌动，如胎儿孕育，如太阳初升前的蓄积力量。

时间弹指而过，很快来到了 21 世纪的第二个十年。

机械臂犹如"雕刻师"，可定制雕刻纪念章、制出一杯个性化奶茶；仿生水母有 8 根触手，可应用于航空领域；新一代手术机器人实现了术中成像的画中画技术，帮助医生更精确、安全、高效地完成微创手术……那些让人耳目一新的机器人正在到来。

2013 年 4 月，德国政府为了提高工业竞争力，在新一轮工业革命中占领先机，推出工业 4.0 战略，迅速风靡世界，并在全球范围内引发了新一轮工业转型竞赛。机器人则是工业 4.0 中耀眼的明珠，成为世界各国高度关注的战略型新兴产业，各国纷纷推出以此为支撑的制造业复兴规划。

美国提出工业互联网，确定了机器人发展路线图，法国制定了《机器人行动计划》，英国发布了机器人和自主系统战略2020，日本推出了《机器人新战略》，韩国发布了机器人未来战略2022……中国也推出了相应的规划。

截至2018年，我国工业机器人市场规模继续保持全球第一位。数据显示，2017年，我国工业机器人产量超过13万台，约占全球产量的三分之一。近年来，我国机器人产业呈现快速增长态势，工业机器人应用市场全球领先，服务机器人需求前景看好，特种机器人应用逐步扩展，核心零部件国产化不断加快，涌现了一批创新型机器人企业，部分技术有所突破并实现产业化。

工业和信息化部、国家发展改革委、财政部联合印发的《机器人产业发展规划（2016—2020年）》提出，五年内形成我国自己较为完善的机器人产业体系。虽然我国机器人发展仍存在不少短板，但凭借多年前打下的基础，在新一轮科技浪潮中正借势冲向顶端。中国电子学会发布的《中国机器人产业发展报告（2018）》指出，工程材料、计算机、生命科学等全球机器人基础与前沿技术正迅猛发展，大量学科相互交融促进，人机协作、人工智能和仿生结构等成为技术创新趋势。

国际上有舆论认为，机器人是"制造业皇冠顶端的明珠"，其研发、制造、应用是衡量一个国家科技创新和高端制造业水平的重要标志。"机器人革命"有望成为"第三次工业革命"的一个切入点和重要增长点，将影响全球制造业格局。

按照国际机器人联合会预测，"机器人革命"将创造数万亿美元的市场。由于大数据、云计算、移动互联网等新一代信息技术同机器人技术相互融合步伐加快，3D打印、人工智能迅猛发展，制造机器人的软硬件技术日趋成熟，成本不断降低，性能不断提升，军用无人机、自动驾驶汽车、家政服务机器人已经成为现实，有的人工智能机器人已具有相当程度的自主思维和学习能力。

回顾历史，我们不能不庆幸和感叹蒋新松的战略眼光。当年能把机器人列入"863"计划，并且确定"芯"和"脑"两个明确的研究方向，现在想起来那是多么了不起的一步。

我国将成为机器人的最大市场，但我们的技术和制造能力能不能应对这场竞争？我们不仅要把我国机器人水平提高上去，而且要尽可能多地占领市场。这样的新技术新领域还很多，我们要审时度势、全盘考虑、抓紧谋划、扎实推进。

正是以蒋新松为代表的一代科学家对世界科技趋势作出精准把握与判断，让我们今天能够更加从容地迎接一场以机器人为标志的科技变革新浪潮。

遗憾的是，蒋新松没能亲眼看到这波澜壮阔的一幕。1997 年 3 月 30 日，他的生命定格在这一刻。时年 66 岁的他，把生命献给了中国机器人事业。

在他生命最后的时光里，留下这样一串记载：

1997 年 3 月 25 日早晨，蒋新松从家里赶到研究所，参加总工程师们邀集的 6000 米水下机器人会议。下午，来到机器人实验室。

3 月 27 日和 28 日白天，参加国科委于沈阳召开的征求超级"863"计划意见座谈会。晚上在家修改《关于我国制造业的问题和对策》报告，直到凌晨 2 点。

29 日凌晨 4 点起床，连续在电脑前工作 3 个小时。早饭后，应邀去鞍钢讲技术改造，却突发心绞痛昏迷，直到晚上 10 点才苏醒。

30 日凌晨，他起床修改国有企业科技讲座提纲。上午，他坚持与相关同志谈"863"计划，被护士劝阻。下午 2 点，心肌严重衰竭，再也没有醒来……

生命的意义是什么？每个人的心中都有自己的解释。蒋新松说："生命的意义就是为祖国和科学献身。生命总是有限的，但让有限的生命发出更大的光和热，这是我的夙愿。如果一个人对社会什么贡献也没有，就是长寿有什么用？"

1998 年，为纪念这位为中国创新事业作出杰出贡献的科学家，沈阳市人民政府在铁西区劳动公园里为蒋新松塑造了一尊铜像。

他高大的身躯掩映在一片红枝绿叶中，微皱的额头一如既往的昂起，双眼深邃，凝望远方，迈步向前走去，仿佛仍在追寻那个久久为功的创新梦想。

第四节　迎接新浪潮

当数字化浪潮袭来时，全球进入了以信息产业为主导的经济发展时期。

服务器，收发人们手机滑动的每一条指令；系统设备，绿灯 24 小时闪烁只为保障"时刻在线"。

移动互联网几乎影响着每个人的每一天，而这背后离不开服务器提供的计算支撑。

作为驱动各个行业数据和信息流动的"心脏"，它运行着金融、电信、电力、能源、交通等有关国计民生的核心业务系统。但此前我国高端容错计算机全部依赖进口，这一市场长期被 IBM、惠普、富士通等国际厂商垄断。高端服务器承载着国家信息命脉基石，是信息化的重大战略装备。

1. 不做"提线木偶"

20 世纪八九十年代，在高技术领域，西方国家对中国进行封锁和限制，计算机服务器就是其中之一。

中国在花费巨额资金购买美国设备的同时，还必须接受对方苛刻的附加条件：要求设备安放在一个中国人不得随便入内的玻璃屋子里，以方便美国专家 24 小时监控，美国专家的监控日志还要定期上交给美国政府审查。

冷战结束后，全球政治形势发生变化，输出管制统筹委员会（通常被称为巴黎统筹委员会）解散，技术封锁有所放松，中国可以直接进口国外的服务器，但是美国政府会对出口到中国的产品进行各种限定，防止用于军事等用途。

20 世纪 80 年代初，孙丕恕刚刚大学毕业，来到山东电子设备厂工作。这是浪潮集团的前身。

当时，山东省电子工业局下拨了 10 万元经费，用于开发和生产收录机。厂里的领导班子经过调研，大胆判断：国际上信息技术的发展如火如荼，将形成未来的主流。10 万元"救命钱"被投向了微型计算机的研发。

于是，年轻工程师孙丕恕接到了第一个任务：按照 IBM 的样机，仿制出一台国产计算机。经过努力，这台个人电脑于 1984 年问世，不仅"吃了第一只螃蟹"，而且实现与 IBM 的兼容。孙丕恕崭露头角。

宝押对了，浪潮走上一条快车道，到 1988 年时，销售收入已经突破亿元，创汇 110 万美元。浪潮微机的市场份额，占了全国的五分之一。

市场瞬息万变。随着国外计算机整机进口配额限制的取消，IBM 等国际品牌大举进入中国市场；同时，联想、方正等后起之秀飞速成长。浪潮作出选择：个人计算时代将逐渐向网络计算时代转变，服务器作为网络的核心，将成为未来信息技术的关键。

1993 年，时任浪潮集团技术副总工程师的孙丕恕带领团队研发出中国第一台服务器——SMP 2000，采用了全对称紧耦合共享存储的体系结构 SMP，可配置 10 颗 486 CPU，获得了国家科技进步二等奖，该产品基于开放架构，大量采用标准工业技术，能够实现大规模工业应用，SMP 2000 的问世标志着中国服务器产业的诞生。

就这样，中国服务器产业开始起步了，但是起步之后，仍然很难。

"有时候为了取得客户信任，一百斤上下的机器，我们常常是扛着就去了"，孙丕恕谈起浪潮服务器起步的那个时期，"一些客户的机器我们是赶着马车送过去的"。

后来，孙丕恕升任集团主管。中国工程院院士、浪潮集团首席科学家王恩东接过了孙丕恕的接力棒。

从事服务器研究近 30 年的王恩东，此后带领团队先后攻克高端容错计算机、人工智能超级计算机等前沿技术难题，打破了国外长期垄断。他认为，"核心技术是国之重器……面对国外在高端市场的垄断，我们不能做'提线木偶'……"

在 20 世纪 90 年代到 2010 年之前，最应该支持国产品牌的政府采购中，普遍存在"买进口的出了事没问题，买国产品牌出了事就要追责"的现象，某种程度上，"优先采购国货"演变成了"限制采购国货"。

最深刻的教训是 1997 年前后，当时整个银行业开始业务和数据的大集中，这项业务基本都是国际企业来做。他们将高端服务器、中低端服务器、存储、操作系统、应用软件打包成整体解决方案提供给银行。由于没有高端产品，国产企业连投标机会都很少，即使有投标机会，也会发现，国外产品的价格比国产服务器还要低。原因是有高端产品保证了利润，国际巨头就可以降低中低端产品的利润要求，把价格做得很低。

服务器市场是国内企业竞争的战场，高端服务器是整个产业的制高点，掌握了高端服务器就掌握了制高点。王恩东认识到，要先突破这个点，才能真正扩大规模，这与其他产业"先做大后做强的"的发展路径是不一样的，这也是竞争逼迫出来的。

2. 跨过"死亡之旅"

在 2000 年前后，浪潮就确定了高端服务器突破发展战略，但是真正实现突破却要到 10 年以后，此中的艰辛可想而知。

王恩东说，当时国内没有这项技术，一般性高端服务器技术也没有，我和团队一直与国外企业进行接触和谈判，希望获得相关技术或者技术支持，能够站在别人的肩膀上走捷径，结果无一例外，都是吃了闭门羹，那个时候我深刻的意识到"核心技术买不来，市场也换不来，只能自己创新，自己研发"。

后来，王恩东才知道他的这个认识"是由美国政府和法律保证的"。

在冷战期间，美国主导输出管制统筹委员会（通常被称为巴黎统筹委员会）对中国、苏联等国家进行技术禁运。20 世纪 90 年代初，由于苏联解体，巴统失去了存在的理由，宣布解散，但是美国又发起成立了新的技术禁运组织"瓦森纳协定"。在这个过程中，技术禁运名单不断缩小，但 CPU 间的高速互联技术一直都在名单上。

2010 年 7 月，一家美国高科技公司 3Leaf 破产，在没有其他买主的情况下，中国一家企业以 200 万美元与其达成收购协议，但是收购最终被美国商务部否决。为什么一笔仅 200 万美元的收购会进入美国商务部的视野，而且还被否决，原因很简单——3Leaf 公司掌握了处理器高速互联技术。

时间线再回到 21 世纪初。

一边寻找技术支持，一边自己攻关。浪潮把当时的 IBM、惠普、优利等掌握相关技术的国际企业全部拜访一遍，寻求技术合作。最终结果无一例外，不是闭门不见，就是劝浪潮放弃自主研发。国际企业拒绝合作的同时，往往也会施以诱惑。比如贴牌代理，这条路看似更加容易，但是如此一来，浪潮根本接触不到核心技术，根本无法解决受制于人的局面。

要自主研发高端容错计算机，技术、工程、产业配套等都面临巨大挑战。且不说技术方面，需要开发紧耦合高可扩展多处理器体系结构、系统软硬件一体化的高可用技术、多级目录和缓存一致性等诸多核心技术，这些核心技术也是长期困扰计算机业界的技术难题。即便是购买美方的模型，一笔报价不到 20 万元人民币的采购，也没做成。

在工程方面，需要开发大规模原型验证系统、超大规模复杂核心芯片，尤其是处理器协同芯片组，它的技术难度和复杂度极高，国内没有此类芯片的开发经验，全球拥有该技术的企业也是屈指可数。

在产业配套方面，由于高端容错计算机的芯片和板卡复杂度和工艺要求远超过一般服务器，当时国内也找不到生产配套企业。当然最大的困难还是相关人才的短缺，由于没有相关产业，人才极度匮乏。

2007 年，在"863"计划的支持下，浪潮启动了高端容错计算机的自主研发。在项目启动时，王恩东和团队想到了世界第二高峰乔戈里峰的代号 K2。乔戈里峰海拔仅次于珠穆朗玛峰，有"世界上最艰险的山峰"之称。他们这次技术登峰，就是要跨越类似的"死亡之旅"，因此将研发任务定名为 K1。

"掌握高端服务器核心技术是十几年的梦想，能有机会去实现梦想，拼了命也值得。"项目团队的小伙子们把乔戈里峰的照片贴在了课题报告里，以此激励自己不畏艰难，技术高峰矗立在眼前，要做敢于攀登、科技报国的勇士。

研发K1是一项庞大、复杂、精细的工程，其中又以板卡研发最为艰巨，当时数百位浪潮工程师夜以继日地工作，困了、累了就在躺椅上休息一下，"躺椅文化"成为拼搏精神的代名词，甚至很多人吃住在办公室。

王恩东和他的团队共计投入400多名工程师历经4年时间，研制成功。2013年，正式发布了我国第一台32路高端容错计算机系统——浪潮天梭K1，这款产品让中国成为继美国和日本之后，全球第三个掌握高端容错计算机核心技术的国家。

在研发过程中，中间研发的试验器件和装置多达数百种，编写的验证用例有上亿个，申报国内外相关专利也有几百项。通过这款产品的研制，团队掌握了"多处理器紧耦合共享存储器体系结构""多级目录缓存一致性协议""软硬件一体化的系统高可用技术"等核心技术。最关键的是多处理器高速互联芯片，这是高端容错计算机的核心部件之一，也是在美国出口管制条例中严格禁止出口的技术。

2014年，浪潮天梭K1荣获了国家科技进步一等奖。浪潮天梭K1系统的研制成功，使中国成为继美国、日本之后第三个有能力研制32路高端容错计算机系统的国家，并在我国金融、财税等关键行业实现了规模应用，在高端市场占有率达到25%。

在浪潮集团员工的眼中，王恩东是个"工作狂"。为了科研，他又像一块"磨刀石"，能够把团队中每个人的极限都逼出来。

而在王恩东眼中，自己的人生轨迹是直线型的"三个一"，只读了一所大学，那就是清华大学；只就职于一个单位，那就是浪潮集团；只研究了一项事业，那就是服务器。

2016年年底，浪潮又发布了更高端的新一代关键应用主机M13，可扩展1000个以上的计算核心。

"掌握核心技术，才能紧追前沿。"在攻克了高端容错计算机难题后，王恩东如今又瞄准了人工智能前沿领域。

3.险峰永远等待攀登

历史，总在变革中迸发前进的力量。

1984 年，中科院计算技术研究所由自行车棚改造的 16 平方米空间里，柳传志等一群在体制内"憋"了多年的科技人员，面对即将到来的信息革命浪潮，展开了对未来的"联想"。

作为中国改革开放历史中的第一批弄潮人，他们扔下"铁饭碗"、顶住周围人压力、咬牙走出中科院的大门。

柳传志清晰地记得，当时的国际市场上，486 电脑已是主流，但人家只把 386 电脑卖给中国，而且价格远远高于国际市场价格。

联想生产出 486 电脑后，国外电脑品牌立刻把自己的 486 电脑带到中国销售，并且大幅度降价。

"人家是巨型战舰，我们是一叶扁舟。但当你可能战胜他时，他就会把最好的东西拿出来。"柳传志感叹。

从 1984 年创立联想，到与国外主要电脑品牌正面竞争，再到世界领先，柳传志也在改革开放这一部大书里面写下了"联想"自己的一页。

那时创业时的存储器是磁心存储器，人工拿手穿，不知道和发达国家差了多少。原来老以为非得是欧洲人、美国人、日本人才能做，这下给了我们信心，于是放开了手脚。

1998 年前后，一则联想电脑的广告在央视反复播出，那还是使用"奔腾二"处理器的年代。

从最初给跨国品牌做代理和分销，到发展自有品牌的个人电脑业务。通过组织架构调整和建立自己的分销网络，最终在市场竞争中取得了胜利，到 1997 年，联想成为中国 PC（个人计算机）市场第一，从此这个王冠没有旁落过。

如今，当年的小平房已经发展到年收入超过 3000 亿元的投资控股公司。在成功并购整合 IBM 的 PC 业务后，成为全球化运营的企业。"联想"不仅成为中关村的一张名片，更见证着一个被改革大潮激起万千活力的时代。

思想上的"围墙"一旦被拆掉，神州大地就播洒下了希望的种子。

2004 年，马云跟柳传志说他要把淘宝做成一个流水有一千亿元的企业，当时柳传志就半开玩笑地说："你识数吗？"那时的联想营业额在国内已经算是很大了，但在没有并购 IBM 个人电脑业务以前，也才二三百亿元。

"真的没想到过了几年阿里就真做到了，再后来就远远超出了他说的数。"柳传志说。

"历史地看，两三千年来，科技对社会的影响几乎一直是一条很低的曲线，到电脑出现后就开始剧烈地往上走。"柳传志认为，未来，智能互联网和生命科学、能源等结合，这个曲线向上的陡度将会大幅度增加，可能十几年、二十几年后就会产生今天完全没法想象的变化。

曾经，在柳传志的办公室里放着一个雕塑作品叫"蓄势"，雕刻的是一头发力的牛。到联想控股要上市的时候，他请雕塑家重新做了一个作品叫"突破"。

科技竞赛赛道长如马拉松，却又要求拿出百米赛跑的拼劲。对于新一代创业者，柳传志希望他们能够在困难时刻憋住。他认为，总有一些人不满足于一般地过日子，而是想要"奔日子"，即使是峭壁，摔得鼻青脸肿也要往上攀爬。

不仅是现在，即使是将来，也是这样。当爬到最前面的峰时回过头来看，原来之前过的只是"丘陵"，还有真正的险峰永远等待攀登。

附录一
中国创新的时代答卷

历史在这里交汇，又在这里递进。

2018 年 1 月 8 日，北京人民大会堂，中国"火药王"王泽山、"病毒斗士"侯云德共同获颁国家最高科学技术奖。习近平总书记紧紧握住两位大奖得主的手。

如潮般的掌声，是对复兴大道上科技成就的礼赞，也是对中国坚定走创新之路的共鸣。

40 年前，同样如潮般的掌声曾在这里响起。万众瞩目的全国科学大会上，提出了"科学技术是第一生产力"的重要论断，发出了"向科学技术现代化进军"的时代强音。

时序更替，梦想前行，中国特色社会主义进入新时代。"天眼"探空、神舟飞天、墨子"传信"、高铁奔驰……中国"赶上世界"的强国梦实现了历史性跨越，其背后蕴含着当代中国共产党人对创新这个"第一动力"的高度自觉。

从"科学的春天"到"创新的春天"，从"科学技术是第一生产力"到"创新是引领发展的第一动力"，在以习近平同志为核心的党中央带领下，近 14 亿中国人民接续奋斗，开启新征程。中华大地上，一个具有转折意义的创新周期已经开启……

1.穿越历史的回声

"在中国，人们称他'量子之父'。"2017年年末，英国《自然》杂志评选的年度十大人物，首次出现了中国科学家潘建伟的面孔。

量子技术的潜力令人难以想象：经典计算机需要100年才能破译的密码，量子计算机可能在几秒间就突破。世界竞逐因此你追我赶。

要让量子技术这个决胜未来的关键掌握在中国人手中！这是"第一生产力"自觉在潘建伟心中投射下的梦想火种。

27年前，在中国科学技术大学读书的潘建伟，只想搞明白量子力学的"为什么"，在他身上萌动着中国改革开放后一代青年人的科学求真热情。

决心把中国的量子通信技术做成世界第一，并没有想象中的顺利。他被问及最多的就是："这个靠谱吗？""美国都没做成，你有什么把握？"

潘建伟憋了一股劲，他想证明，在这片曾诞生过四大发明、墨子、张衡的土地上，千年之后，依然能为天下之先。

十多年间，从多次刷新光量子纠缠世界纪录，到发射"墨子号"量子卫星回答"爱因斯坦百年之问"……为了量子梦，"量子军团"分秒必争，"敢于冒险"的火花在自觉实践中绽放。

当潘建伟向量子之巅"进军"的同时，远在千里之外的深圳，一家企业在"时间就是金钱"的商品经济大潮中呱呱落地，他们也要向科学技术发起"冲锋"。

2018年，这家名为华为的中国通信企业稳居世界五百强，年销售额达6000亿元。18万华为人中，接近一半的人从事研发，是迄今为止全球规模最大的研发团队。

30年专注做一件事情，就是"对准全球通信领域这个'城墙口'冲锋"。在华为创始人任正非心里，对"第一生产力"的自觉，就是守住这座"上甘岭"，守住华为的"创新之魂"。

合肥，中国经济版图中一个不太起眼的角色。不沿江、不沿海、没有大矿。

对这个"追赶中的城市"而言，什么是"第一生产力"的历史自觉？就是破除机制束缚，打破科研与生产力之间那堵"无形的墙"。

2004 年，合肥申请成为全国第一个国家科技创新型试点市。这一举动，一度被视为"冒进"。

在全国率先破除"科技三项经费"体制，改"按类分配"为"按需分配"，对科技创新主体，不问出身，真干真支持！

这样的突破，和上级的统计口径"对不上"。但改革一步一步推进，合肥的"科技创新链"变得越来越完善。

主动邀请京东方落户，拿出近百亿元共建合资项目。到 2017 年年底，最先进的液晶面板在这里投产，合肥跻身全球液晶面板显示产业重要基地。

人们恍然大悟：如果没有多年前"第一生产力"的充分自觉，这个内陆城市怎会诞生一个产值超千亿元的新兴产业？

干部主动去科研机构"挖宝"，搞"精准成果孵化"……十多年来，合肥"无中生有"了集成电路、机器人等多个新兴产业，热核聚变、稳态强磁场率先突破，区域创新能力已稳居全国第一方阵。

"这是一场沉默者的长跑，既要有创新的'眼力'，更要有坚守的耐力。"安徽省一位领导这样总结合肥的自觉之道。

浩瀚的历史长河中，创新决定着文明的走向。

当沉睡的东方民族跨越百年沧桑，科学技术越来越成为现代生产力最活跃的因素。如何聚力创新发展实现赶超，成为中国必须回答的时代课题。

"科学技术是第一生产力。"邓小平的经典论断振聋发聩。

如一声春雷，长期以来禁锢创新的桎梏打开了，萧瑟许久的大地迎来科学的春天。

"第一生产力"的历史自觉，在 1978 年的中国，播下一颗巨变的"种子"。这颗神奇的"种子"，以惊人的速度不断"生长"。

"察绥宁甘青新六省……经济价值甚微，比平津及沿江沿海一带，肥瘦之差，直不可以道里计。"大西北如何突围？这是几十年来摆在中国西北角的"天问"。

八百里秦川的平分线上，中国唯一不依托大城市的"农字号"高新区给出时代答案。在这里，"第一生产力"正演绎新的精彩。

杨凌曾是西北角一个"越穷越垦、越垦越穷"的荒峁峁。1997年，第一个"国字号"农业高新区在此批准设立，为西北角脱贫指明了方向。

土苹果没水分没甜味怎么办？在果树旁套种油菜，品质堪比红富士；热带水果养不活怎么办？用 LED 补光、用二氧化碳施肥，就能在大棚里实现"南果北种"……千百年的土办法在这里遇上自主创新的火花，现代农业梦在"第一生产力"自觉的活力中充分涌流。

"学农业科技，不再让父老饿肚皮。"一批"85后"大学生在这里摇身变成"农桑创客""土壤医生"，一批农业科学家被冠以辣椒大王、杂交油菜之父、白菜女王的称号……这座被赋予"国家使命"的"农业特区"因自觉创新重获新生，"杨凌农科"品牌价值已超 600 亿元。

"创新是引领发展的第一动力。"在以习近平同志为核心的党中央带领下，中国创新发展迎来了新时代。

"这是对马克思关于生产力理论的创造性发展，强调的是创新的战略地位，对社会经济发展的'撬动作用'。"在中国科学院科技战略咨询研究院院长潘教峰眼中，正是这个"第一"的认知，解放了创新活力。

从"第一生产力"到"第一动力"，是一种动能，让顶尖人才资源不断蓄积。

265 万——2016 年留学回国人员的总数，一个史上罕见的"归国潮"正在出现，带回全球最先进的创新理念。

387 万——2016 年研发人员总数，一支强大的科研创新队伍屹立世界东方。

千秋基业，人才为先。一个"人"字带来自觉创新的不竭动力。变"要我创新"为"我要创新"，越来越成为全民族的一种精神自觉与行动自觉。

从"第一生产力"到"第一动力"，是一股洪流，通过改革红利得以磅礴而出。

敢于在没有路的地方，探出一条新路，是勇敢者的抉择。

党的十八大以来，中国科技体制改革"动真格"，向数十年难除的积弊"下刀"。科研人员如何既有"面子"更有"里子"？"松绑"+"激励"成为中国科技改革的关键词，越来越多的"千里马"正在创新沃土上竞相奔腾。

从"第一生产力"到"第一动力"，是时代伟力，助推中国实现历史性跃升。

2017 年 12 月 6 日，满载乘客的西安至成都高铁列车呼啸穿过秦巴山区。蜀道"难于上青天"的千古沉吟、孙中山《新中国成立方略》中的铁路蓝图，在新时代的中国化为现实。

每天早高峰，全国平均每分钟有 4 万份手机叫车的订单等待响应；每百位手机网民中，就有七成在用手机支付；中国网购人数和网购交易额达到全球首位……中国全方位创新的活力曲线图在世界铺展。

"从量的积累到质的飞跃，从点的突破到系统能力的提升，'第一动力'结出累累硕果，让中国在越来越多的领域成为开拓者、引领者。"中科院院长白春礼说。

2. 新时代的飞跃

2018 年新年刚过，北京，雁栖湖畔。中科院大学礼堂的大屏幕上，打出了一组历史、科学与哲学的宏大命题——

"推动文明进步的力量是什么？""中华民族有什么样的创新特质？""新一轮科技革命如何释放发展生产力？"……

西装革履，一丝不苟，聚光灯打在台上，中科院院士张杰正在为大家讲授思想政治理论课。面对千余名硕士生、博士生，他从东西文明发展曲线，一直讲到新时代的战略选择。

"把创新作为新发展理念之首，这是文明史上改变世界的创新之举，深刻揭示世界发展潮流、中国发展规律。"张杰说。

察势者智，驭势者赢。

2013年9月，十八届中共中央政治局集体学习的"课堂"，第一次走出中南海，搬到了中关村。

"创新是一个民族进步的灵魂，是一个国家兴旺发达的不竭动力，也是中华民族最深沉的民族禀赋。在激烈的国际竞争中，惟创新者进，惟创新者强，惟创新者胜。"习近平总书记的宣示铿锵有力。

"第一动力"的自觉，在新时代加速孕育、萌动，在中华大地上渐次开花。

——这是对"第一生产力"认识的飞跃，坚持走中国特色自主创新道路，指导我国创新取得历史性成就、发生历史性变革。

2015年3月，习近平总书记提出："创新是引领发展的第一动力。"

2016年5月，《国家创新驱动发展战略纲要》发布，成为面向未来30年推动创新的纲领性文件。

2017年10月，党的十九大报告提出"加快建设创新型国家"，明确创新"是建设现代化经济体系的战略支撑"。

这是中国领导人远见卓识的清醒判断，更是关乎国家命运的伟大抉择。党的十八大以来，以习近平同志为核心的党中央，在实践—认识—再实践—再认识的基础上，不断探索创新发展的内在规律。

全国政协副主席、中国科协主席万钢指出，从"第一生产力"到"第一动力"的科学理论飞跃，标志着党对"第一生产力"的重要性认识达到了新高度。

短短五年，中国的决策者以一往无前的决心和魄力，推动创新驱动战略大力实施，基础研究实现多点突破。战略科技力量布局不断强化，中国正站在飞跃发展的新起点。

短短五年，科技体制改革"涉深水"，向多年束缚创新的藩篱"下刀"；中央财政科技计划管理改革对分散在40多个部门的近百项科技计划进行优化整合；科技资源配置分散、封闭、重复、低效的痼疾得到明显改善。

——这是中国高质量增长的跨越期，"第一动力"成为强大引擎。

超过 80 万亿元的经济总量，成为年度表现最好的主要经济体；6.9% 的增速，成为全球经济增长的"强心针"。新年伊始，中国经济交出的这份"提气"的成绩单，诠释了这个东方大国为世界作出的发展性贡献，这是对"第一动力"的深化理解。

当经济中高速增长成为新常态，用创新续写中国高质量发展的辉煌，成为中国"找寻"与"探索"现代化路径的必然选择。从解决好产业转型升级"卡脖子"问题，到通过科技创新让人民生活更美好，"第一动力"推动我国经济社会发展跨越新关口。

高铁、海洋工程装备、核电装备、卫星成体系走出国门，中国桥、中国路、中国飞机……一个个奇迹般的工程，编织起新时代的希望版图。

《浪潮之巅》作者吴军认为，从"西学东渐"到成果井喷，曾错失世界科技革命浪潮的中国，如今已迎来创新能力突破的拐点。

——这是世界格局的重塑期，"中国号"巨轮驶向新彼岸。

中国发明，世界受益。支付宝覆盖 70 多个国家和地区的数十万商家，20 多个国家、数百座城市分享绿色骑行的"中国模式"。

"泰国版阿里巴巴""菲律宾版微信""印尼版滴滴"……在"一带一路"沿线国家，许多在中国热门的移动应用实现本土化，让当地民众体会到"互联网 +"的方便与实用。

依靠"第一动力"的自觉，中国对世界经济增长的贡献率在 30% 以上，是举足轻重的稳定器与压舱石。

依靠"第一动力"的自觉，中国从过去的"世界工厂"变成"全球超市"。

依靠"第一动力"的自觉，中国从模仿者、跟随者变为世界各国期望搭乘的创新发展"快车""便车"，为人类命运共同体建设作出更多贡献……

清华大学国情研究院院长胡鞍钢认为，屹立于世界民族之林的必由之路，是一条中国特色自主创新的"自觉之路"，是把创新、发展的主动权牢牢掌握在自己手中的"中国道路"。

3. 新征程再出发

"我为中国人民迸发出来的创造伟力喝彩！"

在 2018 年新年贺词中，习近平主席回望一年来的科技创新、重大工程，饱含深情地说。这既是对过去成就的高度赞扬，更是对未来奋斗的激励鞭策。

从公元 6 世纪到 17 世纪初，在世界重大科技成果中，中国所占比例一直在 54% 以上，到了 19 世纪，骤降为 0.4%。尽管中国古代对人类科技发展作出了很多重要贡献，但为什么近代科学和工业革命没有在中国发生？——著名的"李约瑟之问"，让无数中国人扼腕深省。

而今，站在新时代，迎着新一轮科技革命和产业革命的机遇之门，中国比以往任何时候更有条件和能力抢占制高点、把握主动权。

近 500 年来，世界经历了数次科技革命，一些欧美国家抓住了重大机遇，成为世界大国和世界强国。"中国也要用好科技第一生产力的有力杠杆，树立创新自觉与自信，走出一条人才强、科技强到产业强、国家强的发展路径。"科技部部长王志刚表示。

这是一场朝着科技创新"无人区"的新远征，中国应敢于"领跑"。

2018 新年伊始，中国暗物质卫星"悟空"号团队的科研人员紧锣密鼓地投入一场新的科研国际赛跑。"悟空"号团队不久前去欧洲的合作机构访问，会议室陈列的该领域全球最知名的三个科学标志，"悟空"赫然在列，他们开始感受到前所未有的自信。

从"天眼"到"悟空"，从深海载人到量子保密通信，从酿酒酵母染色体人工合成到"克隆猴"诞生，中国对科学和技术"无人区"的探索日渐成为常态。

"聚沙成塔，国家实力不断增强，创新活力不断迸发，让越来越多不可能的事情成为现实。"中国工程院院士邬贺铨说。

这是一场国家创新体系的新比拼，中国用"国家行动"发起创新总攻。

2020 年进入创新型国家行列，2030 年跻身创新型国家前列，到 2050 年建成世界科技创新强国。

适应中国日益走近世界舞台中央的新形势新要求，党的十九大报告里，创新型国家的总攻目标已然清晰，从国家到地方，中国创新的时代答卷正在书写新的篇章。

"推动中国高质量发展，就要加速探索建立高效协同的创新体系，加快解答'由谁来创新''动力哪里来''成果如何用'的创新之问。"白春礼说，这是新时代中国创新发展的重大命题，主动识变、应变、求变是唯一选择。

在"创新之城"深圳，"未来 30 年怎么干"成为主政者的新时代之问。在 2018 年 1 月中旬召开的市委全会上，深圳提出了再出发的新目标：2035 年将建成可持续发展的全球创新之都、本世纪中叶成为竞争力影响卓著的创新引领型全球城市。

在"经济高地"苏州，牵手大院大所"创新源"，在资源集聚上做"加法"，成为发展新路径。一场发挥创新引领作用、追求原创性成果、构建标志性平台、打造开放性创新生态的"创新四问"行动，正在重塑苏州的发展之路。

在"数据新城"贵阳，"中国数谷"建设正加速"西部洼地"崛起。通过建设"扶贫云""福农宝"，越来越多的农户不仅有了帮扶"朋友圈"，更分享到智慧农业的新福利。第一个国家大数据综合试验区的核心区，第一个大数据交易所所在地……贵阳坚定不移把发展大数据作为战略引领，推动全省发生从思维模式到生产方式、生活方式的创新"质变"。

这是一场凝聚全球高端科技创新人才的新赛跑，谁拥有更多人才谁就拥有创新优势。

人才，未来创新驱动的关键所在。世界级科技大师缺乏、领军人才和尖子人才不足、工程技术人才培养同生产和创新实践脱节，已成为创新强国人才建设的短板。中国正在以前所未有的力度吸引各方人才，做伟大复兴"生力军"。

抓住一个大有可为的历史机遇期，中国不能等待、不能懈怠。

以建设高效协同创新体系为目标，推行全方位、多层次、宽领域的大创新，更加科学地配置资源，激活万众创新的"一池春水"，中国寻求在推动发展的内生动力和活力上有根本性转变。

增强中国技术、商业模式输出能力，实现从被动跟随向积极融入、主动布局全球创新网络的历史转变，中国致力探索以人类健康和幸福为目标的新发展模式。

行路有道，东风正来。

进入中国特色社会主义新时代，"第一动力"的自觉，已成为标示创新中国的新标杆，汇聚起创新发展征程上的磅礴力量，书写着决胜未来的新奇迹。

本文原刊于《新华每日电讯》（2018 年 2 月 25 日），收录时略有改动。

附录二
抓住科技新周期机遇

伴随着新一轮科技革命和产业变革，学科交叉融合及多点突破达到前所未有的程度，全球进入空前的创新密集时代。

这一背景下，唯有识变、应变、求变，才不会错失战略机遇、陷入战略被动。

"关键核心技术是国之重器。"对于核心技术，习近平总书记念兹在兹。

党的十八大以来，习近平总书记在多个场合强调科技创新的重要性，强调"核心技术受制于人是我们最大的隐患"。他以"在别人的墙基上砌房子，再大再漂亮也可能经不起风雨"为喻，将发展核心技术的重要性讲得一针见血。

经过多年摸爬滚打，吃了不少苦头，中国越来越明白一个道理：核心技术是求不到、买不来的，化缘是化不来的，要靠自己拼搏。

在这一过程中，中国掀起创新浪潮。时逢中华人民共和国成立 70 周年，中国大地上正在写就以创新为标志的"春天的故事"。

笔者曾赴北京、上海、广东、浙江、安徽等地，深入采访院士、国家特聘专家、科技领军企业和创投界人士以及科技部门负责人等数十人，对中国正在迎来的科技发展新周期进行深入研判。

得益于"集中力量办大事"的制度优势、改革开放 40 年的综合实力优势，以及新中国成立 70 年来累积的人才优势，加之广袤的国土和开阔的市场，中国有底气在新一轮科技周期中挺立潮头，把握机遇。

1. 从落伍者到赶超者的新态势

"天眼"探空、蛟龙探海、量子传信、超级计算机领跑、体细胞克隆猴问世……党的十八大以来，我国一系列科技成果位居世界前列，25个科技前沿表现卓越。

从铁基高温超导到多光子纠缠，从发现中微子振荡新模式到聚集诱导发光……近年来，中国基础研究国际影响力大幅提升，基础科研领域成果"多点开花"。

由世界知识产权组织等发布的《2017年全球创新指数》报告显示，中国是前25名里唯一的中等收入国家，比上一年又前进3位，部分指标位居榜首。

创新是引领发展的第一动力，是建设现代化经济体系的战略支撑。统计显示，科技进步对中国经济增长的贡献率已从2012年的52.2%提高到2016年的56.2%。

科技部有关负责人表示，近期中国一批重大标志性成果涌现，形成了从现代化的落伍者到追赶者、领跑者的新态势，我国总体已接近世界创新国家第一集团。

科技投入稳步提升。据统计，我国全社会研究与开发经费投入、支出的总量逐年增长，自2009年以来一直位居世界第二。企业已成为研发经费的最大来源。

基础研究是整个科学体系的源头，是所有技术问题的总机关。近年来，我国不断加大力度鼓励科研人员潜心基础研究，"允许十年不鸣，争取一鸣惊人"。2017年度国家最高科学技术奖得主王泽山院士，一辈子全心全力干好火炸药一件事，终使中国的火炸药研究走在了世界前列。

坚持战略和前沿导向，强化重大基础研究攻关。我国不久前发布的《国务院关于全面加强基础科学研究的若干意见》明确，到本世纪中叶，把我国建设成为世界主要科学中心和创新高地，涌现出一批重大原创性科研成果和国际顶尖水平的科学大师。这表明，基础研究将为社会主义现代化强国提供强大的科学支撑。

人是科技创新最关键的因素。近年来，我国留学人才回流呈现"现象级"态势，2016 年突破 40 万人。自 2008 年国家"千人计划"实施以来，各地区各部门累计引进高层次人才超过 4 万名。

中共中央组织部人才工作局负责人说，中国正迎来"最大海归潮"，为创新驱动发展注入持续动能。

20 世纪 20 年代，苏联学者康德拉季耶夫在研究资本主义经济周期理论时发现，科技发展周期决定了生产力发展周期，科学突破在先，随后带来技术创新高峰。

"当今世界正处在一个大发展大变革大调整时代，新一轮科技革命和产业革命正向我们迎面走来，科技发展更加多元。"中国科学院科技战略咨询研究院院长潘教峰说。中国正处于大量基础研究成果加快向技术应用转化的历史性阶段，科学和经济正进一步紧密结合，同时，颠覆性技术在世界上不断涌现，必将重塑全球经济和产业格局。

2.科技新周期与历史机遇期叠加

许多专家认为，随着中国特色社会主义进入新时代，我国科技发展也迎来新周期，这主要得益于我国制度优势、历史积累、"智力红利"以及全球新一轮科技革命和产业变革。

首先，制度优势是根本保障，集中力量办大事让我们能够从容把握、引导科技新周期。

多年来我国积累了实施"两弹一星""载人航天"等重大工程的创新经验，充分发挥了社会主义集中力量办大事的优势。有关统计显示，自第二次世界大战以来，有组织的、定向的基础研究和代表国家意志的重大科技项目，也逐渐成为重大科学突破的主要手段。

中国科学技术大学常务副校长潘建伟院士说，中国的量子通信技术在20世纪90年代初还处于勉强模仿阶段，但20年后，这个领域的世界大会如果中国缺席，就意味着含金量不够。"走中国特色自主创新道路是我们的唯一选择。"

其次，改革开放是强大动力，40年实力积累让科技新周期"水到渠成"。

2016年我国研究与开发经费投入1.57万亿元，超过日本、德国，位居世界第二，持续、高强度的研发投入能力，是未来我国科技跨越式发展的重要基础。

中国科学院副院长张杰院士认为，改革开放40年的实践，本身就是人类历史上最短时间内开展的最大规模的创新行动。当国家实力积累到一定阶段，财力、政策和机遇捕捉的能力都上了一个台阶，科技和产业整体实力才能上一个台阶。

"钱多了，心大了，眼界宽了，火候到了，才有创新成果的蓬勃涌现。"联想集团创始人柳传志认为，中国现在科技创新的发展与经济实力密不可分。企业也好，国家也好，这时候要"吃着碗里的、瞧着锅里的"，提前做好战略布局。

再次，人才集聚成关键支撑，为迎接科技新周期注入澎湃活力。

新中国成立70年来，我国通过自主培养、海外留学等，培养出一支强大的科研创新队伍。2016年我国全社会研发人员总量达381万人，占世界总量的30%左右。

"珠穆朗玛峰只可能耸立在青藏高原，而不会出现在平原。我们有几百万研发人员，积累的人才就是青藏高原，就是迎接和引导新一轮科技周期的有力支撑。"中科院生物物理研究所研究员张先恩说。

最后，应用市场广阔是激励平台，大大提升了近14亿中国人的获得感。依托庞大的人口基数和市场需求，以高铁、移动支付、共享单车和网购"新四大发明"为代表，不断开辟新市场、创造新需求、形成新产业。清华大学国情研究院院长胡鞍钢认为，中国将世界最大的互联网用户优势与市场优势相结合，创造了惊人的数字经济规模，未来数字红利还将不断释放。

此外，信息化、全球化是持续推力，实现了中国与世界的同频共振。受访专家表示，信息化时代深入发展，经济全球化方兴未艾，加速了人才、知识、资本等在全球的流动，推动中国重要产业向全球价值链中高端攀升，积蓄强大新动能。

科技部部长王志刚说，近 500 年以来，世界经历了数次科技革命，一些欧美国家抓住了蒸汽机革命、电气革命和信息技术革命等重大机遇，成为世界大国和世界强国。中国也要用好科技这一革命性力量和有力杠杆，走出一条从人才强、科技强到产业强、国家强的发展路径，实现中华民族伟大复兴的中国梦。

3. 科技新周期呈现三大特征

"科技的发展不是均匀的，而是以浪潮的形式出现，每当浪潮接替期，便会涌现新的窗口机遇。"《浪潮之巅》一书的作者、知名科技作家吴军认为，应深刻认识和把握科技新周期的特征，抢抓新周期窗口机遇。

首先，科技新周期是窗口期，机遇稍纵即逝，一些颠覆性创新意味着"赢者通吃"。颠覆性技术层出不穷，既给我们留出"弯道超车"的难得历史机遇，也面临"窗口"关闭、差距进一步拉大的风险。

以量子计算为例，中国科学院量子信息重点实验室主任郭光灿院士认为，量子计算关系到一个国家未来发展的基础计算能力，一旦形成突破，会使掌握着这种能力的国家迅速建立起全方位的战略优势，甚至改变世界格局。谁能率先实现"量子霸权"，谁就能在大国博弈中占据上风。

中科院院长白春礼说，科技新周期要求我们必须紧抓难得的战略机遇，增强使命感、责任感和紧迫感，下好先手棋、抢占制高点，在国际科技竞争格局中赢得先机、占据主动。

其次，科技新周期是创新加速期，颠覆性技术创新周期不断缩短，必须加快"非对称"赶超和集成协同攻关。

中国科学院自然科学史研究所的研究显示，第二次工业革命时期，科学发明到工业应用的周期为30年，到了第三次工业革命，这一周期已经缩短为10年。随着信息时代的发展，以摩尔定律为代表的科技创新规律显示，科技几何式倍增、颠覆性发展的周期越来越短。

潘教峰认为，以人工智能等新 ·代信息技术为主要突破口的新科技革命，正从蓄势待发状态进入到群体迸发的关键时期，引发新一轮产业革命。高地争夺要抢占有利地形，要在关键领域、"卡脖子"的地方下功夫，采取"非对称"赶超战略，组织优势科技资源开展协同创新和集成攻关，以"点的突破"带动"面的赶超"。

最后，科技新周期也意味着科技超越期，要在更多尖端领域的"大山头"持久攻关。

中华民族伟大复兴，绝不是轻轻松松、敲锣打鼓就能实现的。张杰院士表示，迈向科技强国，将是我国科技水平加速追赶和超越的关键时期，发展短板亟待补齐，风险挑战尤须防范。

在2017年度国家科学技术奖的获奖项目中，油气开发、现代煤化工、深海探测等技术榜上有名，通过自主创新，我国取得了一系列关键核心技术的突破，但在更多尖端领域的"大山头"，尚需战略布局并持之以恒攻关。

比如"缺芯少魂"的问题。专家表示，面对核心技术受制于人这个最大的隐患，既不能盲目悲观，也不能被非理性情绪左右，而应在关键领域、"卡脖子"的地方下大功夫，通过持续的、全方位的投入与创新，加速创新周期的到来。

4. 新周期，科技界人士在关注什么

假如身处未来世界，给今天的我们写一封信，最希望说些什么？

8位科技界知名人士围绕各自关心的问题，分别寄语我们这个时代。

中国科学院院长白春礼：不折腾、不浮夸、不自满

科技创新特别是基础研究要做到"三不"：

一是不折腾。科学研究需要坐冷板凳、下笨功夫，不能一味东摇西摆、追踪热点。应该为科学家创造安心稳定的科研环境，沉下心来涵养有利于创新的制度体系和文化土壤。

二是不浮夸。近年来我国科技创新能力进步较快，一些创新指标开始走在国际前列。有些人就盲目认为我国能够引领世界科技发展，需要警醒的是，急功近利的行为、"大跃进"的心态，忽视科技发展的客观规律，对科技界危害很大。

三是不自满。这些年我国科技进步有目共睹，这是多年艰苦努力的结果。习近平总书记强调，我们在世界尖端水平上一定要有自信。这种自信源于我们有社会主义集中力量办大事的制度优势，源于我们有蕴藏在亿万人民中间的创新智慧和创新力量。我们要充分树立创新自信，不能妄自菲薄，对自主创新能力没信心，亦步亦趋，不敢超越，但也不能妄自尊大，骄傲自满，缺少虚心学习、勇于攀登的态度。

中国科学院原院长路甬祥：不前瞻就会失去先机

过去有一种观点认为，科学很难预见，它是随机发生的。然而，科技发展的历史也无数次证明，只有不断前瞻、不断解放思想，才有可能促进新的发现和新的突破；如果不前瞻就会失去先机。

例如，能源问题的整体性、结构性变化就是普遍的、可预见的，时间跨度是 50 年或者 100 年，在这个时间内，可再生能源领域一定会有新的突破性进展。以核能为例，从基础研究布局到重大技术突破往往需要 20 年，再到商业化大规模应用又需要 20 年乃至更长时间。目前，法国已经做到第四代核裂变反应堆，制定了到 2040 年、2050 年的路线图。如果我们现在不去前瞻布局，未来就会落后。需求牵引和自由探索并不矛盾，现在不妨梳理出可预见的、确定的方向，加大支持强度，吸引更多的优秀科学家投入研究。

清华大学副校长薛其坤：我们比以往任何时候都需要强大的科技创新力量

"大厦之成，非一木之材也；大海之阔，非一流之归也。"科技创新的机遇期来了，关键看如何去拥抱。科技创新最核心的是人，哪怕错过一个领域的发展，只要有人才，追赶也会来得及。中国要建设成为世界科技强国，意味着世界上至少有 1/3 的重要技术都要由中国提供、华为这样的创新公司应超过 50 个……正所谓"十年树木，百年树人"，今天我们就要围绕这一人才需求的巨量缺口去部署我们的教育规划。面对世界新科技革命和产业变革日益兴起的态势，我们比以往任何时候都需要强大的科技创新力量。新时代为科学家提供了更好的机遇，我们要不负使命、努力奋斗，为国家强大、人民幸福和科学探索作出新贡献。

中国计算机学会名誉理事长李国杰：需求是技术创新的"第一动力"

20 世纪末，斯坦福大学的一项统计表明，美国技术创新的动力源中，科技推动占 22%，市场需求拉动占 47%，生产需求拉动占 31%。这说明需求拉动是技术创新的动力。

有一种观点认为把科技成果推到企业是大学和科研单位科技人员的责任。实际上，大学和科研单位按照国家科技计划做出的科研成果，大多是可公开发表的论文或没有具体应用目标的技术改进，这些成果多数将汇入人类共同享有的知识海洋，为人类文明作贡献，但很多时候和产业的联系衔接没那么紧密。应当明确产业转型升级的需求也是科技发展最大动力的前提，发挥企业在未来创新格局中的作用，鼓励企业根据市场需求去找到自己需要的技术或自主开发。

中国科学技术大学常务副校长潘建伟：重视基础科学领域研究

牛顿力学的提出，在当时也并不能够马上联系到产业层面，但对未来世界产生了广泛而深刻的影响。如果没有量子力学，信息革命也就无从谈起。现在中国对基础科学的研究日益加强，这非常好。对基础科学领域不仅要加大投入，也要稳定地投入。一旦基础研究有了突破，科学家自然会将其运用于社会进步和生产力的发展。

基础研究首先是国家的事情。在越来越多的领域，我国科研已取得了一定领先优势，要保持并扩大优势需要建立新的基础科学理论。国家要毫不动摇地加大基础研究的稳定投入，同时，也要鼓励企业一起来投入。建议推动那些有强烈意愿参与量子力学基础研究的大企业与科研机构合作，要善于调动各方面的积极性，投身基础理论突破，强化我们自主创新的源头供给。

清华大学微电子研究所所长魏少军：要紧紧牵住核心技术自主创新这个"牛鼻子"

人类正处在信息革命的黎明时分，从 2005 年往前看，中国信息技术自身建树不多，但 2005 年以后逐渐获得了自己的发展主导权。这背后一个至关重要的原因是国家的大判断、大战略的推动。

中外历史的经验和教训都值得借鉴和思考：比如，我国第一个国家中长期科学规划取得了以"两弹一星"为标志的国防工业成就。再如，在国际半导体领域科技角逐中，美国、韩国国家战略的实施造就了该领域今天的世界第一和重要一极。当前，网络信息技术成为全球研发投入最集中、创新最活跃、辐射带动作用最大的技术创新领域。顺应这一趋势，我们要紧紧牵住核心技术自主创新这个"牛鼻子"，加快推进国产自主可控替代计划，构建安全可控的信息技术体系，推动核心芯片、操作系统等研发和应用取得重大突破。

中国科学院科技战略咨询研究院院长潘教峰：找准科技创新的四个突破口

纵观当今世界，无论是文明进步、发展模式、世界格局、科技创新，都处在重大转折期、变革期。找准我国科技创新突破口可聚焦四个方向：

一是在基础前沿领域下功夫。这是最重要的突破口和发力点，也是制约我国科技长期发展的软肋。尤其在那些最基础、最本质的基本科学问题上，如宇宙的演化、物质的结构、生命的起源、意识的本质、数学等方面要加大科研力度。二是在新科技革命可能产生重大突破的方向发力。如人工智能、脑科学、新一代信息技术、新能源技术、新材料技术、新生物学等，这些领域的研究一旦出现突破，将会产生颠覆性技术。展望未来，新科技革命将促进形成以人为本的人机物三元融合的社会。三是在加强可持续发展能力建设上发力。尤其是资源环境问题如重金属污染、水体污染、雾霾等这些重大瓶颈问题，需要研究其机理、成因和治理的关键技术，提供科学指导、技术手段和方法工具。四是在关系国家安全的战略必争领域发力。空间、海洋、信息网络安全、生物安全等涉及国家安全领域，抢占新一轮战略制高点。

安徽大学校长匡光力：科技创新就像接力赛需要一棒接一棒地跑

现在的科技成果越来越多，但如果没有转化应用，则意味着巨大的浪费。要从国家社会层面算大账，以更加强有力的政策推进转化，把树上的果子尽可能地摇下来，让国家得益、社会得益、人民得益。

科技创新就像接力赛需要一棒接一棒地跑，不能跑了第一棒，下一棒没人接。将更多科学研究成果转化为产业技术，是直接带动新经济发展的关键一步，在这方面全国上下应形成共识，特别是地方各级领导应认识到科研单位和大学做科技成果转化，仍存在"小富即安"、动力不足的问题。科研人员埋头搞研究，但对成果转化为技术不熟悉，也不认为是责任。现在陆续出台了相关激励政策，但尚未从根本上解决。

本文原刊于《瞭望》新闻周刊2018年第20期，收录时略有改动。

后　记

在人民共和国 70 周年波澜壮阔的历史中，科技领域的跨越称得上是"巨变"。

从"不可思议"变为"值得深思"，人们总是要追问：中国科技的创新之路有哪些荣耀与遗憾？什么是创新大国的"关键一招"？在这部创新史诗的书写中，谁又是那"夜空中最亮的星"？

中国科技 70 年，洋洋大观，非本书十几万字所能尽述。如观沧海，作者所为，是尽力拾取一些斑斓贝壳，让人们重温一部部创新传奇、重回一幕幕创新现场，期冀记录下大海的辽阔与壮美。

感谢中国科学技术协会名誉主席韩启德院士为本书慨然作序。他的鼓励与建议，给予我们的宝贵的真知灼见，让我们受益匪浅。

感谢来自科技部、中国科学院、中国工程院、中国科协等系统的领导及专家的大力支持。撰写过程中需要收集大量素材和资料，没有他们的帮助，这本书难以成稿。

感谢在自然科学史领域卓有建树的专家们，他们的研究成果——特别体现为"20 世纪中国科学家口述史"和"老科学家学术成长资料采集工程"丛书等，给予本书极大的支撑与启发。限于篇幅，无法一一列出他们的姓名与书目，但我们心存深深的敬意。

感谢我们的工作单位——新华社领导的大力支持。感谢新华社社长蔡名照，总编辑何平，副社长张宿堂、严文斌，感谢国内部领导赵承、秦杰、陈玩娟、霍小光、陈二厚、邹焕庆，始终勉励我们秉承专业精神、探寻历史和新闻背后的真相。

　　感谢我们最可爱的同事，一直携手砥砺前行。本书有些内容来自日常新闻采写积累的素材，胡喆、陈聪、张泉等人的付出功不可没。共同奋战并给予帮助的同事还有薛凯、杨玉华、叶前、徐海涛、周琳、刘宏宇、齐健、甘泉等人，在此一并致谢。

　　感谢我们各自的家人，在这个历史性的时刻，给予我们深深的理解与支持。

　　最后，还要致谢人民出版社，特别是本书编辑侯春、刘志宏的倾力付出。他们的敦促与建议，让我们得以按期完成这项艰苦的工作。

　　由于作者水平有限，书中疏漏谬误之处在所难免，不妥之处敬请读者批评指正。